U0505842

禅与日本文化

禅と日本文化

［日］铃木大拙 著

刘柠 译

上海三联书店

雅众文化 出品

目录

西田几多郎序

　　从中学时代起，大拙君就是我的亲密友人之一。吾虽一介七十衰翁，可对当年之事，犹依稀记得。那时候，大拙君就颇为与众不同，年纪轻轻，已开始思考人生问题，且慎思远虑，超然于物外。待我等上大学时，他却独自遁入了圆觉寺的僧堂。彼时，今北洪川禅师尚健在，可不久即迁化了。随后，他又接受了释宗演和尚的点拨。尽管时而也会去学校打个卯，却来无影去无踪，如云游僧一般，一心苦修磨炼。如是凡十载，直到应保罗·卡勒斯[1]的邀请前往美国。在美游历十余载，归来已逾不惑。从那时起，直至今日，或致力于佛典英译，或阐释禅理，孜孜以求，研究撰述，纵年届古稀而犹未知有终点。大拙君著作等身，不要说在日本，即使在

1　保罗·卡勒斯（Paul Carus，1852—1919），出生于德国伊尔森布尔格，毕业于图宾根大学。哲学家、佛教学者，著有《佛陀的福音》等。其与释宗演和尚的相识，成为铃木大拙赴美的契机。——中译注，以下脚注若无另行说明均为中译本注。

外国的佛教学界，也是尽人皆知。大拙君曾记否？君年少时，发愿要向世界弘扬佛教，这话至今令我浮想联翩。乍看上去，大拙君像是不食人间烟火的罗汉，可于情却沛然而细腻，在漫不经意的外表下，于事至信而缜密。君既然不以学者自居，我们似亦不应以单纯学者的标准视之。君硕学博识，且极富洞察力，虽也屡遭不堪之事，难关重重，却处之淡然，颇得行云流水之趣。吾友朋虽夥，交往亦广，但堪比大拙君者稀。他不是说看似有多么伟大，而是真正的伟大。可以说，在思想上，吾不及大拙君处甚多。

西田几多郎
昭和十五年[1]八月

1　昭和十五年即1940年。

作者自序

这本书原本是为外国人而写的，后来大家说应该翻译成日文，让日本人也能读到，说不定会有所裨益、有所参考，遂有此日译本。不过，若是当初就打算写给日本读者的话，八成写法会有所不同，兴许我会尝试用一种学术化的文体。而目前这个样子，虽说有些无奈，也只好将错就错了。

近来，日本人似乎有些缩首缩脚，畏葸不前。但我相信，只要我们的精神和思想不断向外伸展，终究会成长、发达。因为，我们原本就怀抱着无价之宝。

下面的故事，也许无关宏旨，我权且信马由缰，想到哪儿就写到哪儿。我在英国几所大学做巡回演讲时，曾在剑桥大学三一学院的客房小住两天，并在教授与高年级学生一起用膳的食堂会餐，发现菜单上的内容，连同上面的日期都是用法语写的。我便向主人布罗德教授请教，被告知："这是建校以来的老规矩。"第二天，有人带我去校长宅邸拜会，当我向他称赞庭院的草坪修剪得如此整饬漂亮时，他说："这也是三百年前就有了。"我觉得，无论说英国人伪善也好，说是最有教养的民族也罢，在种种意义上，正是英国人的贵族气质和保守性格，才造就了今日的英国。

甭管怎样，当我们纵观历史时，若有人要问谁是日本人的典型的话，我会举出上杉谦信、伊达政宗、千利休等名字。假如那些人能复生，在各个领域亮相于世界舞台的话，该会绽放出何等的光彩！我想，这种以人物为本位的日本文化观，其意义也不可小觑。

北川桃雄君精心迻译这本小书，基本领会了我的意图。而只要读者诸君能大致了解我内心的想法，便达到了目的，我并无意较真于学术上的精准。此外，本书所述也并非禅与日本文化之关系的全部，其他诸如禅与能乐和谣曲，禅与日本人的宗教观、自然观等，应阐述的面向还有不少。对此，只能期待日后的工作了。

铃木大拙

昭和十五年八月

于镰仓

第一章

禅学初步

对于日本人的道德、心性修养，乃至精神生活，已有众多海内外权威论者做出了公正而清通的阐述。毋庸赘言，关于禅宗对形塑日本人性格所起到的重要作用这一点，诸多意见大同小异。其中，两位外国学人的著述——查尔斯·艾略特（Charles Eliot）爵士的《日本佛教》[1]和乔治·桑瑟姆（George Sansom）爵士的《日本文化史》[2]，堪称是这一领域中的秀逸之作，我在本书中对其相关内容也有所引征。因多数读者对禅的学问不甚了了，确乎有适度展开之必要，可这又谈何容易。关于禅，如果对其基本概念缺乏起码的知识，那么无论是读还是听，恐怕都难解其意。这是因为，禅要求超越理论和言语的阐释，而这又是一般读者难以企及的境界。所以，我倒是希望对禅抱有兴趣的读者，最好能浏览一下我的几种禅学著述。在此，我姑且对禅的概要做一番粗线条的描述，望读

1　*Japanese Buddhism.*

2　*Japan, a Short Cultural History.*

者诸君能多少领会其对日本人性格及文化所带来的影响。

禅作为一种佛教形态，早在初唐时期，即8世纪前后，就已经相当发达了。其发轫则更早，可追溯至6世纪初，菩提达摩从南印度一路传法到中国。禅的教义与大乘佛教无甚不同，宣教场所也与一般的佛教几无二致。但有一点不同，即佛教在从印度向中亚细亚及中国的传布、发展过程中，受不同的礼仪、教典和种族心理等因素的影响，在诸多大师及教派周围渐次附加了种种表面化的肤浅观念。而禅本身的目的，就是在去除所有这些皮相之见的基础上，直接传授佛陀的根本精神。

那么，这种精神究竟是什么呢，构成佛教的精髓者又是什么呢？答案是般若（智慧）与大悲。所谓般若，即"超越的智慧"；大悲可译作"爱"，或"悲悯"。般若能使人透过事物的表象得见其本质。因此，只要得到般若，我们便可洞彻生命与世界的根本意义，而不复烦恼纠缠于个人的利益与苦痛。到那时，大悲是一种自在的存在，意味着爱将摆脱一切利己的困扰，惠及万物。在佛教中，爱可泽及无生命物。因为佛教相信，一切存在都是现存状态的持续，无论在当下体现为何种形态，当其被爱渗透的时候，注定会成佛。

般若被无明（avidyā）与业（karman）的密云层层遮蔽，沉睡于我们的心中，禅则肩负着唤醒它的使命。无明与业，均起于对理智的无条件屈服，而禅则反抗这种状态。理智的作用表现为逻辑和语言，而禅则蔑视逻辑，即使在被要求自我表达的场合，也常常无言以对。智识的价值，只有在把握事物的精髓之后，才能意识到，禅亦如此。禅在唤醒我们身上超越性智慧（般若）的时候，采取与通常的认识过程完全相反的方法，对我们的思维是一种锻炼。

佛的说教以知性、逻辑和文字言语为基础，而禅的方法和精神则刚好相反，宋代五祖法演（1104年殁）所传授的一个说法，对我们理解这一点有莫大的助益：

　　人们若问我禅是什么，我会说，禅与修炼夜盗术兴许有一比。一个夜盗者的儿子，眼瞅着父亲日渐衰颓，心想：若是老爹再也干不了这营生的话，那家中能挣钱的人可就只剩自个儿了，所以得学点本事。他把心中的想法告诉了父亲，父亲遂一口应下来。一天入夜，父亲带着儿子，来到一大户人家门外。破墙进屋，撬开一口长方形的大箱子。父亲命儿子进去，把里面的衣物给扔出来。儿子刚钻进去，老爹便"咣当"落下箱盖，并锁了个结实。接着跑到院子里，大喊"抓贼"，边紧扣户门。见人家已被吵醒，便又从钻进来的墙洞钻出，扬长而去。待那家人大呼小叫、点灯出得门来，盗贼已逃遁。其间，被锁在箱子里的儿子，又急又恼，痛骂老爹冷酷无情。生了会儿闷气后，忽然计上心来，他试着从箱子里面发出一种老鼠啃东西的声响。听到声音，当家的便吩咐仆人掌灯去看个究竟。仆人一开箱盖，困在里面的主儿猛地蹿将出来，一口气吹灭油灯，推倒仆人，撒腿就跑，家人在后面紧追。跑着跑着，见路边有一口井，遂抱起一块大石头投入井中。黑灯瞎火的，追上来的人以为是盗贼跳了井，便围在井边看热闹，那厮便趁机溜掉了。回到家后，大光其火，抱怨父亲见死不救。老爹道：

"莫急，莫急，还是先说一说你是咋逃出来的吧。"

儿遂细述自个儿冒险的经过。听罢，老爹说：

"这就对了，吾儿已经学到了夜盗的窍门。"[1]

这个听上去比较过分的夜盗术传授法，道出了禅学方法论的真谛。在禅宗中，弟子向师父求教，是要挨揍吃扁的："哼，你这条懒虫！"说有一僧，带着"关于让我们从烦恼中解脱的真理的疑问"，来到师父跟前。师父遂带他到法堂，在众人面前大声说："众生，对禅抱有疑问的人在此。"说着，便把可怜的僧人推倒在地。僧被当众叱骂，只好臊眉耷眼地退回自己的禅房——对禅抱有疑问，简直就如同犯罪一样。即使还不到犯罪的程度，怀疑者亦需自我省察，在那种明明是宽敞豁亮的场所，却刻意作徘徊状，好像迷了路似的。弟子问师父是否了解佛法，师父当即表示："我啥都不懂。"再问："那

1　出自禅宗语录《五祖录》。——英文初版注

到底谁懂呢?"师父用手指了指书斋前的大柱子。

不过,禅师有时也会表现得像一个逻辑论者,但他未必按常理出牌,甚至会把通常的推演方法和判断标准完全颠倒过来。如莎士比亚曾在一出戏中借剧中人物之口,说出"美即是丑,丑即是美"[1]一样,禅师会说"你就是我,我就是你"——至此,事实被无视,价值观被彻底颠覆。

日本剑师也常用禅的方法来锻炼。话说从前有个热衷于求道的年轻人想学剑,慕名上山。正在山中庙里隐居的剑师却之不恭,只好勉强应承下来。可尽管入了山门,弟子每天的工作净是帮师父砍柴、担水、劈木、生火、煮饭,外加洒扫庭除等家务事,并没有按部就班地学习剑道。日子久了,年轻人便滋生了某种不满:我是为学习剑道而来,可不是来当使唤人的。终于有一天,他对师父道出内心的不平,并请求传授技艺。师父支吾了一声,并不多言。结果,从那以后,年轻人再也无法专注踏实地完成任何一件事情。譬如,他做着早饭的当儿,师父会突然现身,冷不丁从背后抢棒就打。正在清扫庭院时,也得提防说不定从哪儿飞来的棍棒。年轻人失去了往日的平和,变得心神不定。无论何时,都须眼观六路,耳听八方。如是数年过去,弟子终于修到了一种境界,即无论棍棒从何方飞来,都能闪避无虞,可师父却仍不放他出徒。一天,弟子见师父正在炉边烧菜,觉得机不可失,遂

1　莎士比亚在《麦克白》中,借女巫之口,在第一场中就为全剧定下了基调,即"美即是丑,丑即是美"。

抄起一根大棒朝师父头上猛抡。说时迟那时快，师父飞速屈身于锅里，锅中物虽被搅得一塌糊涂，可打来的棍棒落在锅盖上，未碰到师父毫毛。至此，弟子方意识到自己确实力有未逮，对剑道的真谛茅塞顿开，同时对面前的师父，也平生一种无比的亲切感。

这正是禅练习法的不同凡响之处。即无论真理本身如何，禅只依赖个体的亲身体验，并不诉诸理性和系统的学说。因为后者易拘泥于技术性的细枝末节，结果往往是肤浅的，难以触及事物的核心。理论化的方式，也许在打棒球、建工厂时，或者制造各种工业产品时，不失为一种行之有效的方法，但如果是致力于直接表现人的灵魂的艺术创作，并使那种创作技巧臻于圆熟，或者想要获得真正的人生智慧的话，理论就未免捉襟见肘了。实际上，但凡关涉创造本义的事物，其实都带有"意之所随者，不可言传也"的属性，超越了推论式的领悟。故此，才有禅之格言，所谓"不立文字"。

在这一点上，禅同科学及以科学之名实行的一切事物都是对立的。禅注重体验，而科学是非体验性的。非体验的东西抽象，不关注个人经验。而体验性的东西则完全属于个人，如果不以个人经验为背景的话，则毫无意义。科学意味着系统化，禅则反其道而行之。语言对科学和哲学来说是必要的，对禅却成了妨碍。为什么呢？因为虽说语言表意，但并不等于其所表现的实体本身，真实在禅中具有最高的价值。即使禅有时也需借助语言，但那些语言充其量也就相当于买卖中

12

的货币。货币本身既不能御寒，也无法疗饥。货币只有兑换成真正的食物、羊毛和水的时候，才能体现出实际的生活价值。可如此尽人皆知的道理，似乎已被人忘记，人们只管存钱，乐此不疲。在这种情势下，我们死记硬背，玩弄概念，还沾沾自喜，自以为挺聪明。殊不知，那点小聪明在应对人生诸问题时，其实毫无益处。但凡有点益处的话，那现在岂不成了黄金时代千禧年的最佳转机了吗？[1]

笼统地说，知识可分三类：

第一类，是通过阅读与倾听获得的知识。人们通常所说的知识，多属此类。对这种知识，我们不但乐于记忆，而且庋藏之。譬如关于世界的知识：我们不可能踏遍地球，亲自去勘察每个角落，只能依赖他人绘制的地图。第二类，一般称为科学知识，是观察、实验、分析与推理的结果。因这类知识需一定的体验和经验，故比起前者来，基础要来得牢固一些。第三类知识，须凭直觉来感悟。在注重第二种类型知识的人看来，直觉的知识缺乏事实基础，不可绝对信任。可事实上，所谓科学知识，也并非金瓯无缺，而是带有其自身的局限性。当发生某种异变，特别是在个人突遭变故的情况下，科学和逻辑未必来得及动用储备在大脑中的知识或计算，仅凭记忆的知识全无用处。因为措手不及之下，人的精神无法唤起过去存储的记忆。而直觉性的知识，不仅能高效地应对

1　出自基督复活，再度降临，并治世一千年的所谓千年至福论。——日译注

13

危机，而且构成了所有信仰，特别是宗教信仰的基础。

禅试图唤醒的，恰恰是第三种形态的知识，与其说它深深扎根于存在的根基中，不如说它是从存在的深处浮现。

我似乎有些跑题了。总之，在佛教精神的觉知方面，从禅对于理智作用的基本态度上，我们可知在禅中，的确存在种种对世间万物的特殊思考方法和感知方式，即：

一、禅聚焦于精神，而无视形式；

二、换言之，禅在任何形式中，都会探寻精神的本真；

三、禅认为，形式的不充分与不完整，反而更能体现精神。因为形式的过分考究，有时会使人的注意力偏向形式，而忽略内在的真实；

四、对形式主义、因循守旧和礼仪主义的否定，使精神直接暴露，回归一种孤绝、孤独的状态；

五、这种超越性的孤高，或绝对的孤绝，是一种清贫主义、禁欲主义（asceticism）的精神，它抹去了所有非必要事物的痕迹；

六、这种孤绝用通俗的表述，就是无执念；

七、如果把"孤绝"解读为佛教徒所谓的"绝对"意义的话，那么它就是沉寂于森罗万象之中，从卑贱的野草，一直到自然界的最高形态，无处不在。

上面这些权当是引子。在接下来的内容中，我将分别从艺术、武士道的发展、儒教、一般教育的研究和普及、茶道的兴起等方面，对禅宗在日本文化及日本人性格形成过程中所起的作用，做一番探讨。其他方面的问题，亦会在行文中随时触及。

第二章

禅与艺术

一

　　前文对禅所生发的独特气场与感觉略做概述，接下来，我们将具体考察禅对日本文化的形成，究竟起到了何种作用。一个意味深长的事实是，禅以外的佛教各派，对文化的辐射基本只囿于日本人的宗教生活，唯有禅宗溢出了这个畛域，对国民文化生活的方方面面都产生了至深的影响。

　　而中国的情况则未必。禅虽然与道教的信仰、实践和儒教的道德有着广泛的联系，却不曾像日本那样，深刻影响国民的文化生活（禅为日本人所热衷，且对国民生活的渗透如此之深，也许应归因于日本的民族心理）。不过就中国而言，我们还需注意一点，即禅对宋学的产生和南宋画派的发展，造成过相当强烈的刺激，这是不容忽视的事实。在镰仓时代初期，那些绘画作品由频密往来于日中两国间的禅僧批量带回日本。不承想，南宋绘画居然在大海此岸的东瀛博得了众多狂热的赞美者。如今，这些绘画作品在日本成了国宝，可在中国本土却反而难觅踪迹了。

在进一步展开讨论之前，我们有必要留意一下日本艺术的特征，它不仅与禅的世界密切相关，而且可以说最初就是从禅宗中推衍出来的。

日本人艺术才能显著的特征之一，举例来说，即南宋大画家马远所开创的"一角"式。所谓一角式，从心理层面上说，是与日本画家的"减笔体"传统紧密相连的，即在绢本和纸本上以尽可能少的线条和笔触来描绘物象。可以说，二者都与禅的精神高度契合。水起涟漪，一叶渔舟，如此意象便足以唤起观者内心"孤绝"的禅意：如海一般浩渺无垠，同时却有种静谧的满足感。[1]画面上，小舟漂泊无定，全然无助。船的结构极其原始，既没有稳定船身的机械装置，也没有乘风破浪的船舵，赖以克服恶天候的科学器具更是付之阙如……总之，与那些现代化的万吨巨轮构成了鲜明的比照。然而，唯其"无助"，才体现出小舟的德行，也使我们感知，环抱着小舟及周围一切的那种所谓无限绝对之物并不存在。在另一幅画中，孤鸟落枯枝，画面之简洁，找不出一条线、一抹影和一笔墨的冗余，你却分明能感到天光渐短，大自然收起华丽丽的夏日繁茂，尽显秋日的寂寥惆怅。[2]这种意象，尽管有些感伤，却不失为人们自我省思的契机。当人的内省之眼充分打开时，深藏于内心世界的无尽宝藏，便会慷慨地展现在我们眼前。

1　马远《寒江独钓图》。——日译注
2　牧溪《叭叭鸟图》。——日译注

在如此多样化的缤纷世界中，有种孤绝的思想带有超验性，备受推崇。在日本文化的辞典中，这种思想被称为"侘"（wabi），原意指"贫困"（poverty），或者消极一点地说，是一种"拒不与时潮为伍"的不合时宜。清贫者并不依赖世间的财富、权力和声名，却能从内心感到某种超越时代和社会地位的至高价值，而那恰恰是构成侘的本质的资源。用庸常生活的表述，"侘"就是人在陋室，却心意满足的状态：在只有两三张榻榻米大小的空间坐卧起居，饿了到屋后的地里摘些菜蔬来果腹，静听春雨潇潇，像极了隐身于湖畔小木屋中的梭罗[1]。关于侘的问题，我们会在接下来详细探讨。在这里，我只想先挑明一点：侘之道，已深深植入日本人的文化生活中。因为事实上，确实没有比"清贫"的信仰更适合日本这种国家的道路了。即使近代以降，在西方的奢侈品与享乐汹涌而至的情况下，我们对那种闲寂生活的憧憬之心，仍难以消除。在智性生活方面也同样，人们既不追求观念的丰富，也不在意那些宏大的、故作庄严的叙事和哲学体系的建构，而是在幽居中冥神静思自然的神秘，把自身融于大环境中，以求得满足。至少对我们之中的部分人而言，人生之乐，莫过如是也。

纵然我们生长在一种"文明化"的人工环境中，也会有一种与生俱来的本性，对那种原始纯朴、接近自然的生活状态充满了向往。所以到了夏天，城里人会到树林中露营，去

1　亨利·戴维·梭罗（Henry David Thoreau，1817—1862），19世纪美国自然主义诗人。

沙漠旅行，或在人迹未至之地开拓道路。哪怕只有短暂的时光，人们也渴求回到自然的怀抱，直接感受那种律动。禅的心性，是力图打破所有人工的形式，切实地把握隐藏在事物背后的本真。正是这种心性，塑造了日本人不忘土地、亲近自然和毫无矫饰的质朴淳厚性格。禅不喜浮于生活表皮的繁复。生命本身是单纯的，可若是用理智来测度的话，在那种分析式的目光中，会变得无比错综。就目前来说，即使穷尽全部科学手段，仍难了悟生命之神秘。可是，当你一旦投身于时代的洪流，便能透过种种复杂的表象来理解生命。从内部而不是外部来把握生命，应该是东方人的特殊禀赋，而禅则发掘了这种异禀。

过分在意、强调精神的重要性，势必会导致无视形式的结果。一角式与洗练的笔触，会带来脱离因袭技法的孤绝效果：你虽然看不到预期中的线条、色块，或均衡的构图，可那种"缺失"的事实，却反而能在你心中唤起某种意想不到的快感；而那些分明是某种不足或缺憾之处，你却难以察觉。事实上，那种不完美本身，反而化作了完美。毋庸赘言，美并不一定意味着形式上的完美。在并非完美无瑕，甚至是丑陋的形式中，体现出美来，正是日本艺术家拿手的绝活。

当这种"不完美"之美与透着原始的粗粝感的古拙相伴时，便会生发出一种为日本鉴赏家所称颂的"寂"（sabi）的调子。古雅与原始性也许并没有什么现实意味，但一件美术品只要彰显了某种历史的时代感，寂便在其中了。寂存在于质朴无华、不假修饰和古拙的不完美之中，存在于单纯的外表和适性随意的工作中，存在于丰富的历史遐思（未必是今天仍存在的）中。最后一点，它还包含种种难以名状的要素，可把一些庸常之物升级为艺术品。一般说来，这些要素源于对禅的鉴赏，茶室中所用诸多道具，皆具有这种性质。

单就字面意思来说，寂有"孤绝"或"孤独"的语境。而关于构成寂的艺术要素，一位茶道大师，用诗来定义：

> 极目远眺处，
>
> 花尽枫叶枯。
>
> 茅屋浅滩上，
>
> 秋光忽已暮。
>
> ——藤原定家[1]

实际上，孤绝虽诉诸思索，却不会选择语不惊人死不休般高蹈的表现。乍看上去，它悲惨至极，是一种无甚意义、惹人怜悯的触底状态，特别是在西洋或现代化设施的背景下，那种感觉尤为强烈。既没有鲤鱼旗的迎风鼓荡，也没有焰火升腾，人在瞬息万变的大千世界中茕茕孑立，形影相吊，有种难言的寂寥。不妨想象一下，寒山、拾得的水墨画如挂在欧美美术馆的墙上，会在观者心中产生何种效果，便不难体

---

1 藤原定家（1162—1241），平安时代末期到镰仓时代初期的公家、歌人。

会个中味道：孤绝的观念是属于东方的，只有在其赖以产生的环境之中，才会令人感到亲切和自在。

孤绝在秋日黄昏的渔村，也在早春的新绿中，兴许后者更能体现寂或侘的观念，也未可知。正如下面这首诗所表达的那样，在冬日的荒凉中，亦彰显了生之萌动：

> 徒待花开者，
> 君可知晓否。
> 山里雪正融，
> 春草悄然生。
> ——藤原家隆[1]

这首茶师所作的和歌，把作为茶道"指南"的寂文化诠释得很到位。这里，实际上是借喻小草来表达一种生命力的萌动，尽管看上去还很柔弱。一个真正有眼光的人，从荒凉的积雪下，发觉春的萌芽，其实并非难事。你尽可认为那搅动人心者，无非是一种启示罢了。但同时亦须看到，"启示"也是生命本身，而不单是一种微弱的信号。对艺术家来说，从满眼新绿，到繁花披锦，正是饱满的生命力存在的明证。这大约是艺术家身上某种神秘的感受性使然吧。

日本艺术的另一个显著特色，是非对称性。这个观念显

---

1 藤原家隆（1158—1237），镰仓时代初期的公卿、歌人。

然也源自马远的一角式。一个典型例证，是佛教寺院的设计。山门、法堂、佛殿等主建物，均建在一条直线上，而次要或从属性建物——有时甚至是主建物，则位于主线两侧，呈非对称排列，或依山势，呈不规则分布。如造访一下日光庙等山中寺院的话，很容易明了这个事实。可以说，非对称性正是这一类日本建筑的特色之一。

茶室的结构亦如此。我们能从中找出很多非对称、不完整的一角式实例，从至少由三种样式构成的顶棚、茶具的组合，到庭院中踏脚石的铺法、木屐的摆放等，不一而足。

日本艺术家何以如此迷恋非对称性，而排斥惯常的（确切地说是几何学的）美学法则呢？照国内一些道德家的说法，是因为日本人不爱出风头，却惯于墨守谦卑躬行的道德约束，而长此以往，养成的一种自我贬损的心性自然而然地会在艺术中流露出来。例如一幅画，画面的中央原本很金贵，可日本绘师们却刻意让它留白云云。窃以为，这种解释是很荒谬的。在日本艺术天才的眼中，个别的具体物象本身，已然足够完美，而这种观念恰恰是受到禅宗所谓从"一"见"多"思维的启发，才得以产生。因此，只有从禅的视角来阐释非对称性，才更有说服力。

哪怕是超凡脱俗的唯美主义，也不如禅的美学来得根本、彻底。艺术冲动比道德冲动更原始，是与生俱来的。艺术的力量直抵人性。道德是规范性的，而艺术是创造性的。前者是外界的强制，而后者则是内心不可抑制的表达。禅会与艺术发生共振，却不会与道德结缘。禅可以是非道德的，却不能非艺术。日本艺术家从某种对形式的观念出发，创造出"不完美"的作品，并不无牵强地以当下的道德观来解释其创作动机。对他们为附和批评家而给出的"意义"阐释，似无须太在意。因为就连我们的意识本身，也未必是多靠谱的判断标准。

总之，非对称性的确是日本艺术的一大特征，同时也是明快清爽之所以成为日本艺术另一个显著特点的理由。对称性既可激发优美、庄严、厚重的情感，但正如前文所述，亦同样会导致逻辑形式主义和抽象观念的堆积。世人有种倾向，认为日本人之所以缺乏理性，不擅长哲学思维，盖因知性尚未充分渗透一般国民的文化教养所致。窃以为，这其实也与对非对称性的喜好有关。理性原本是渴求均衡的，可日本人因过于偏爱不均衡，结果常无视理性。

可以说，非均衡、非对称，"一角"、匮乏、简约，寂、侘和孤绝等，诸如此类后沉淀为日本艺术及文化显著特征的观念，其实皆源于同一个理念——"多即一，一即多"，此乃禅宗的真谛。

二

禅激发了日本人的艺术冲动，并以其个性化的思想，赋予作品独特的色彩。个中缘由，主要是基于如下事实：至镰仓、室町时代，禅寺已成了学问与艺术的宝库。因禅僧有机会接触外国文化，故被一般人，特别是贵族阶层奉为教养的传布者。那些禅僧多系艺术家、学者，或神秘思想家，他们受到当世为政者的鼓励，从事商业活动，并把外国的艺术品和工艺品源源不断地带回日本。贵族阶级和政治统治阶层，则作为禅门的资助者，热衷于禅修。如此，禅不仅直接作用于日本的宗教生活，也广泛影响了当时的社会文化。

天台、真言、净土等佛教宗派在使佛教精神浸润日本人心灵的事功上，贡献良多。以佛德具现为宗旨，佛教势力大大促进了雕刻、绘画、建筑、织物和金工等技艺的发展。天台哲学过于抽象烦琐，一般民众难以理喻；而真言之仪轨，则极尽繁复之能事，百姓不堪重负。在雕刻、绘画及其他用于日常信仰的美术器具的制作上，真言、天台倒是功不可没。迄今评价最高的国宝，以奈良、平安两个时代为夥，而那正是天台、真言两教派走向繁荣，且与日本文化阶层保持亲密接触的时代。而净土宗，旨在传授净土说，说什么在那无比庄严的极乐净土上，有率领诸菩萨的佛陀，通体散发着无量光云云。如此意象，激发艺术家们创作了众多庄严神圣的佛教绘画，至今仍保存在日本各地的寺院中。日莲宗和真宗，虽然塑造了日本的宗教心理，但日莲宗并没有给我们以特定的艺术、文化上的刺激，真宗则过于倾向佛像破坏主义，除了亲鸾上人的"和赞"[1]和莲如上人的"御文"[2]之外，在美术、文学方面，几乎未留下什么有价值的作品。

继真言、天台之后，禅也传到日本，而且很快便得到了武士阶级的支持。不过，基于某些政治、历史方面的原因，禅受到贵族僧侣阶级的抵制。打一开始，贵族就对禅宗抱有某种反感，并利用政权，党同伐异。因此，禅最初避开京都，偏安于镰仓，在北条一族的庇护下发展起来。于是，幕府所在地镰仓遂成为禅门修行的中心地，很多从中国来的僧侣定居于此，北条时赖、北条时宗及其后继者和家臣，成了他们强有力的拥趸。

中国禅师不仅带来大量的艺术品，还带来了中国艺术家。同时，从中国归国的日本僧人也携回不少美术和文学作品。

---

1 和赞：用和语写成的讴歌佛陀、菩萨、教法和先德的歌。
2 御文：亦称御文章。指莲如上人为向门徒传法，而就净土真宗的教义写成的八十通书简。

牧溪、梁楷、马远及其他绘画作品就这样来到了日本，中国名禅僧的墨迹也被日本禅寺广为收藏。书法作品与水墨画一样，在远东地区是当然的艺术。曩昔，知识阶层也普遍具有那方面的素养。日本人被那种弥漫在禅画和书法中的精气神深深打动，很快就以之为范本效法摹写起来。在那些文本中，蕴含着某种男性化的阳刚之气。很快，前代温润优雅的艺术风格——权且称之为女性风格，便被体现在当代雕刻和书法中的男性气质所取代。关东武士所谓刚毅果断的性格特征之闻名于世，甚至进入谚语，与京都朝臣的优美洗练恰好构成了鲜明的比照。武士的气质诉诸意志力，强调神秘思想和超凡脱俗，从这个特殊的面向来看，禅与武士道精神倒是挺合拍。

在禅修中，或者说在将禅的教义付诸实践的僧院生活中，还有一点尤为重要，那就是禅寺一般坐落在山林中，栖居其间的人们亲近自然，与之声气相求，不仅特接地气，而且善于向自然学习。他们观察市井之人视若无睹的自然物象，如鸟兽、山岩与溪流。这种观察的特异之处在于深深融入了他们的哲学，有种直观的折射。那种视角不同于单纯博物学者的观察，禅僧的观察，须楔入观察物的生命中去。因此，无论描绘何种物象，必带着他们的直觉，以至于我们能在作品中感到那种山与云的精气神，不疾不徐，气定神闲。

这种通过禅修而得道的穿透性艺术直觉之所以能激发人的艺术本能，是因为禅师们对艺术的感受力。直觉是与艺术情感密切相关的东西，只有通过它，禅师们才能创造美。对

29

完美的表现，有时经过残缺，甚至丑来达成。尽管禅师中少有卓越的哲学家，但出色的艺术家所在多有，且往往技艺超群，颇不乏一流人物。他们有种特异的品质，深谙独创之道。一个绝好的例证是吉野、室町时代的梦窗国师，既是名书家，也是伟大的园艺家。他在足迹所至之地，都设计过精妙绝伦的庭园，其中一些虽经岁月变迁，至今犹存。14、15世纪的知名禅画家，我们还可以举出兆殿司（1431年殁）、灵彩（1435年左右殁）、如拙（1410年左右殁）、周文（1414—1465年左右）和雪舟（1421—1506）等人。

《中国的神秘思想与近代绘画》（*Chinese Mysticism and Modern Painting*）一书作者乔治·迪蒂（Georges Duthuit），对禅的神秘精神有很深的领悟，他在书中写道：

中国画家作画，关键是要聚精会神，手听从意志的调遣，一气呵成。下笔之前，悉心观察，确切地说，从整体来感受所绘之物，是中国绘画的传统。他们认为："意散神驰，易为事物的表象所役。"进言之，"倘着意作一幅画，在深思熟虑之后再走笔的做法，其实甚不合绘画之道也。"——看上去像是机械在动作。所谓画竹十年身成竹，修炼到那一步再去画竹，与竹有关的一切尽可忘掉，技艺却尽在掌握，宛如委身于天外来兴，任其左右。

身已成竹，以至于在画竹时，竟忘记了与竹化作一体那回事，此乃竹的禅化。作画者只是和着那种"精神的律动"运笔，同一种节奏既在画家心中，亦在竹中。作为画家，既要把握住那种精气神，又不能过分意识到自己正在做的事。此诚非易事，只有经过长期的磨炼，才有可能做到。早在文明发轫之初，我们东方人便一路接受这种教化，即只有专注于那种修行，才可望在艺术和宗教的世界有所成就。事实上，一句"一即多，多即一"，已道尽那种禅境。只有充分了悟此真谛者，才有可能成为创造的天才。

阐明这句话的真意，是至关重要的功课。此话极易被想象成泛神论，至今仍不乏捧垠那一路评论家的禅学者，这令人感到遗憾——泛神论不仅与禅风马牛不相及，与艺术家对自己工作的理解也大相径庭。禅师所谓的"一即多，多即一"，并不是在说一和多各自存在，且一方同时存在于另一方之中。禅之所以会被认为是泛神论，是因为人们不懂"一在于多"的真意。甭管是"一"也好，"多"也罢，在禅的眼中皆非相互独立的存在。所谓"一即多，多即一"，无非是对一种绝对事实的完全陈述，不应该对其再做分析，并构成新的概念，所谓"见月而知月足矣"。凡试图对这种绝对经验进行分析，建构认识论框架者，从他动念的那一刻起，已不复为禅学者。即使曾经是禅学家，只要采用了分析学者式的方法，便等于即刻放弃了禅学者的资格。禅只相信自身的经验，拒绝与任何哲学体系妥协。

禅即使对理智作用有所让步，也不会用泛神论的观点来解释世界。当禅在说"一"的时候，听上去好像承认其存在似的，其实却不然，它只不过是在对人们习以为常的话语文字略表敬意罢了。对禅来说，永远是"一即多，多即一"。二者具有同一性，不可分割为"一"和"多"。用佛教的说法，就是万物皆真如。而所谓真如，即无也，故万物皆存于无之中。从无而出，住于无中，真如即无，无即真如。

下面这段问答，或许有助于人们理解禅对于泛神论世界观的态度问题：

> 唐有一僧，问投子（大同禅师）："一切声皆为佛陀声，然否？"
>
> 和尚答："然也。"
>
> 僧接着问道："那么，和尚的声音与阴沟中污泥咕嘟咕嘟冒泡的声音，有何不同呢？"
>
> 投子听罢，打了小僧一棒。
>
> 僧又问："对得道者来说，哪怕是无聊的谤毁，也代表着终极真理，然否？"
>
> 师答："然也。"
>
> 于是，僧再问："那我可以叫你秃驴否？"
>
> 和尚又打了小僧一棒。[1]

---

1 出自《碧岩集》。——英文初版注

关于这个禅问答，有必要做一点说明。照泛神论的观点，一切的回音、响动和人声，都源自同一个"实在"的源泉，即"唯一神"："自己倒将生命、气息、万物，赐给万人"（《新约·使徒行传》，17：25），"我们生活、动作、存留，都在乎他"（《新约·使徒行传》，17：28），即是其写照。按那种说法，就连禅修者的破锣嗓也成了佛陀金玉之口吐出的富于抑扬顿挫的曼妙之音，将堂堂的和尚斥为秃驴的毁谤，也反映了某种终极真理。所有形式的恶，其实都体现了真、善、美，因而也有助于"实在"的完成。具体说来，就是恶即善，丑即美，优即真，残缺即完美，反之亦然。凡此种种，是那种主张万物皆有神性者常易陷入的推论。有人认为，禅历来亦具有类似的倾向。

可是，投子却对这种理性的解释予以棒喝。僧人本以为自己的话自始至终思路清晰、逻辑整然，连大师也无话可说。可大师同所有禅修者一样，知道对这种僧人来说，任何言语说明都是徒劳无益的。因为言语的诠释，只会从一种复杂走向另一种复杂，且不知所终。而若想让僧人参透概念理解的虚妄性，唯一有效的办法就是揍醒他，进而让他自己去体验"一即多，多即一"的真谛。投子大师只有用这种貌似粗鲁的法子，才能把僧人从逻辑梦游症中唤醒。

雪窦曾作诗评论道：

　　　　可怜无限弄潮人，
　　　　毕竟还落潮中死，

忽然活，

白川倒流闹湉湉。[1]

这里，重在顿悟，并据此达到对禅的真理的自觉。此真理既非超越论，也非内在论，更不是二者的结合——真理就是真理。投子用如下问答，进一步阐明道：

一僧问："何谓佛？"

投子答："佛也。"

僧又问："何谓道？"

投子答："道也。"

僧再问："何谓禅？"

投子答："禅也。"[2]

乍听上去，和尚像是鹦鹉学舌——简直就是物理的回声。不过，除了以最后的体验来断言事物即是其所是之外，也的确没有能照亮僧人心智的法子了。

为了理解这点，我们再举一例：

唐代有禅僧赵州。一日，某僧问赵州："至道并不难，难区分而已。何谓无区分？"

---

1 出自《碧岩集》。——英文初版注
2 出自《碧岩集》。——英文初版注

赵州答曰："天上天下，唯我独尊。"

僧又问："这难道不还是一种区分吗？"

和尚答："蠢材。哪里有什么区分？"

僧不语。[1]

　　禅师所谓的"区分"，其实是不接受事实的原貌，而对其加以思考、分析、概念化，可诉诸理性的结果，却陷入了循环论证的窠臼。赵州的判断是决定性的，容不得半点遁词和争辩，人们被要求接受事物的表面价值，并满足于此。但当人们无法接受时，便弃之不顾，而另寻开示。可那僧人却全然不解赵州立足于何处，仍穷追不舍，"这难道不还是一种区分吗？"。事实上，区分在僧而不在赵州。正因此，赵州的"唯我独尊"，到了僧人那儿，就变成"蠢材"了。

　　如前所述，所谓"一即多，多即一"，并非拆分成"一"和"多"两个概念，二者之间再以"即"字来连缀——我们原本就不该拆分，而只能照单全收，并与之安住，这就是我们要做的全部。禅师之所以骂詈相向，甚至出手打人，非一时性急，任性撒气，而是出于想借此救弟子出陷阱的一片婆心。因为大师深知，在那种情况下，争论是无益的，再多的说服也是徒劳，唯一的法子就是把误入歧途的弟子从逻辑的死胡同里拽出来，再辟一条新路。吾等只需跟随他即可。只消跟

1　出自《碧岩集》。——英文初版注

随他，我们便能回到各自的"本家"。

"一即多，多即一"，可以说是对事实的一种直观性，或体验性理解，系佛教各教派之根本。用《般若经》的话语，则是"空即是色，色即是空"。"空"是"绝对"的普遍世界，"色"则是有形的个别世界。禅中有句再普通不过的话语，曰"柳绿花红"，即是对"色"的个别世界的直接表述。在那个世界，竹子笔直，松树弯曲。禅只接受经验的事实，而不是否定之，也不支持虚无说。但同时，禅认为所有这些在个别世界中所经验的种种，皆是一场空，且非在相对意义上，而是在绝对意义上。绝对意义上的"空"，并非靠分析、推理得出的概念，而是指竹直花红这种人们直觉经验的事实本身——它只承认直觉，或仅凭知觉领悟的事实。当我们的专注不再面向外部世界的理智作用，而指向内心时，便可感知一切皆来自空，复归于空。这种往返乍看上去，似乎是两个方向，其实却是同一种运动。如此动态的同一性，是我们经验的基石，所有生命活动都只能在其上展开。禅是要启发我们去深挖这个基础。也正因此，当禅师被问到"何谓禅"时，才会报以"禅"或"非禅"的回答。[1]

1　在此，需附带提一句的是，我曾在讲演中，思考过禅体验中的逻辑问题。《般若经》云："诸心皆为非心，是名为心。"（taccittam accittam yaccittam）要言之，就是"即非的逻辑"。所谓"心非心，是为心"，否定即肯定。否定与肯定，绝对两相对立，彼此处于互"非"的立场，但这个"非"的立场干脆就是"即"——此即我所说的禅的逻辑。"即非"，亦可解为"无分别的分别""无意识的意识"。至于更进一步的论述，就交给哲学家吧。——英文初版注

36

至此，我们应该明白，水墨画的原理正是发端于禅体验。那些体现在东方水墨画中的特性，诸如直朴、冲澹、流泽、气韵，以及至高的完成度，都与禅有着难以割舍的有机联系。至于泛神论，在水墨画中并无其位置，而这点在禅也是一样。

第三章

禅与武士

如果说禅与日本武士阶级有关，恐怕很多人会感到不可思议。因为佛教在各国，无论以何种形态发展，并走向繁荣，毕竟还是慈悲的宗教，在历史的变迁中，从未追随过好战的活动。可缘何禅却偏偏成了激励日本武士战斗精神的原动力呢？

　　禅在日本打一开始就与武士生活发生了密切的关系。不过，虽说禅并不曾唆使武士们从事嗜杀血腥的营生，但当他们循着某种因缘遁入禅境时，确实得到了禅的被动支持。禅宗对武士的支持，包含道德和哲学两个面向：道德上，禅主张一旦确立方向，应勇往直前，永不回头；哲学上，禅对生死一视同仁。这种绝不后退的精神，自然源自哲学上的确信。可禅毕竟是意志的宗教，相对于哲学，更倾向于从道德上诉诸武士精神。而在哲学上，禅反对理性主义，注重直觉，认为直觉才是通往真理的捷径。因此，无论在道德还是哲学上，禅对武士阶级都构成了巨大魅力。武士阶级心智比较单纯，绝少沉迷于哲学玄想，这种根本禀赋也注定了他们要向禅宗寻求相似的精神。这或许是禅与武士之间"亲密接触"的主要缘由之一。

其次，禅的修行讲究单纯、果决、自恃、克己，其自律的倾向与战斗精神有种内在的一致性。作为武士，须随时直视眼前的厮杀对象，绝不可回头，或左顾右盼。为了克敌制胜，一往无前对他来说就是一切。所以，他不能有任何羁绊，无论是物质的、情感的，还是理智的。武者的内心哪怕浮现出半点智识上的疑惑，都会阻碍他的前进。至于种种情感的纠缠和物质上的占有欲，在他决定进退之际，更是莫大的妨碍。卓越的武士，当为禁欲的苦行僧，或自觉的修行者，那意味着他有钢铁般的意志。而禅会在他需要的时候，赋予他这种能量。

第三，禅与日本武士阶级有历史的渊源。一般来说，荣西（1141—1215）被看作将禅宗引进日本的僧侣第一人。可是，他生前的活动范围，基本只局限于京都一带。而京都作为彼时旧佛教势力的大本营，恐怕无论创建什么新教派，都会遭遇强大的反对，不大可能成功。即便是荣西，也不得不在某种程度上妥协，而采取一种与天台和真言相调和的立场。不过，在北条统治的镰仓地区，却没有这种困境。不仅如此，由于源氏是靠对抗平氏和公卿贵族起家，继承了源氏权力的北条政权，亦带有某种武家色彩。作为统治者的平氏及宫廷贵族，因过度修饰的文化，导致优柔寡断，最终走向退化与堕落，从而失去了权力。北条政权则厉行节俭，注重道德修养，以强有力的行政和军事化组织而闻名。这个强大政治机构的领导者，无视宗教传统，而只奉禅为精神指南。如此，自13世纪以来，从足立时代一直到德川时代，禅融入日本人的文化生活中，并对其辐射了种种影响。

禅并不是那种具有体系化概念和学理公式的理论或哲学，它的目的无非是使人从生死的羁绊中获得解脱。而要达到这个目的，须借助于它自身特有的、直觉性的理解方式。禅极富弹性，只要不妨碍其直觉的教义，尽可与任何哲学和道德兼容，且左右逢源，相安无事。因此，我们可以看到禅与无政府主义、法西斯主义、共产主义和民主主义、无神论和唯心论相结合，或者与任何政治、经济学说发生呼应的状况。在某种意义上，禅可以说是革命精神的鼓吹者。它同时包含两种动力，既可以使人成为激进的叛逆者，也可以使人坠落为顽固的守旧派。在任何意义上的危机关头，禅会亮出其本来的锋芒，无论向左向右，均会成为打破现状的革新力量。在这一点上，禅的阳刚气质与镰仓时代的精神是高度契合的。有个说法，所谓"天台宫家，真言公卿，禅武家，净土平民"，形容日本佛教各派的特点，颇贴切：天台、真言礼仪繁复，精致而奢华，刚好与上流阶层的雅好相投合；而净土宗的信仰和教义单纯明快，自然符合平民化的要求；禅宗作为一种宗教，为了达成其终极信仰的目的，除了诉诸最直接的方法，更要求将这种方式进行到底的超常意志力。尽管禅并不单依靠意志力，最后往往是凭直觉来达成目的，可对于武士来说，意志力是至关重要的。

北条一族中最早的禅修者，是继承了执权[1]北条泰时权力的北条时赖（1227—1263）。他不仅从京都招募禅师，而且直接从南宋聘请禅师到镰仓，并跟随这些禅师们潜心修习，终于领悟了禅的奥义。这件事大大刺激了时赖的族人，有样学样，他们开始纷纷效仿起主君来。

如此，经过二十一年不懈的努力，时赖终于在中国禅师兀庵门下修成正果。其时，兀庵特为这位高徒作诗偈曰：

> 我无佛法一时说，
> 子亦无心无所得。
> 无说无得无心中，
> 释迦亲见燃灯佛。

时赖勤勉执政，政绩不凡，惜天不假年，1263年辞世时，仅三十七岁。他自觉大限已至，便身披袈裟，结跏趺坐，口占一首辞世之诗，倏然而逝：

> 业镜高悬，
> 三十七年。
> 一槌打碎，
> 大道坦然。

1　执权：镰仓幕府的官职，即辅佐将军、总揽政务的执政官。

北条时宗（1251—1284）是时赖的独子，1268年继承父位时，只有十八岁，后来却成了日本史上最伟大的人物之一。如果没有时宗，日本的历史将完全不同。正是在他执政期间，从1268年到1284年，击溃了持续数年的蒙古入侵（元寇）。日本人认为时宗有如天遣的使者，祛除了即将降临在国土上的灾难，拯救了日本。他的生涯短促而浓缩，好不容易击退了外敌，他却溘然而逝，其一生可以说是为抵御元寇入侵的事业鞠躬尽瘁的一生。在当时，他身上那种不屈不挠的精神，不仅是国民统合强有力的象征，事实上也是国民唯一的依靠。可以说，他是将自己的全部身心都化作了同仇敌忾、共御外辱的抗力，屹然挺立如海岸线上的绝壁，阻挡着来自西海的怒涛狂澜。

不仅如此，更令人惊叹的是，如此超凡之人，还跟随中国禅师潜心学禅，为此不惜付出一生的努力，向学之切，一时无两。为悼慰在蒙古入侵时丧生的日本和中国的亡灵，他还为佛光国师[1]建了一座寺庙。时宗庙至今仍在镰仓的圆觉寺境内，当年那些禅师给时宗的书信也保存完好。透过那些书信，亦能窥见时宗对禅修有多么虔敬。下面的对话未必完全合乎史实，却有助于我们想像并再现时宗对禅所持的态度。一次，

1　即无学祖元（1226—1286），镰仓时代临济宗高僧。出生于南宋庆元府鄞县。1279年，应镰仓幕府执权北条时宗的邀请赴日，成为建长寺住持。后归化日本，为无学派（佛光派）之祖，佛光国师系谥号。1275年，元兵入侵南宋之际，曾避难于温州能仁寺。寺院被元军包围，无学临危不乱，唱《临刃偈》，曰：乾坤无地卓孤筇，且喜人空法亦空。珍重大元三尺剑，电光影里斩春风。元兵退。

时宗去拜访佛光国师：

　　时宗："生命的大敌是怯懦。如何避之乎？"

　　佛光："斩断病根是也。"

　　时宗："可病从何来？"

　　佛光："病来自时宗本身。"

　　时宗："怯懦乃诸病之中吾最憎恨者，何言来自我自身？"

　　佛光："汝试将时宗从自己的执念中摒除，看会如何。汝成此之时，再来见余。"

　　时宗："何以为之？"

　　佛光："斩断一切妄念思虑。"

　　时宗："如何能断吾之种种念想乎？"

　　佛光："坐禅。彻悟一切自觉属时宗的虑念，并逼视其根源。"

　　时宗："吾有太多吾必为之俗务，何以觅得冥想之暇？"

　　佛光："无论应对何种琐事俗务，权当它是汝内省之机。如是，自当领悟心中之时宗为何人。"

　　可以肯定，在时宗与佛光之间，确曾于某个时间，发生过上述对话。当时宗得到蒙古人已渡过筑紫海，即将来袭的确实情报后，他来到国师的面前：

"吾生涯一大事终降临矣。"

佛光问道:"汝将如何面对?"

时宗作威吼状——"喝!",像是要奋力击退攻将上来的数万敌军。

佛光大悦:"真狮子儿也,能狮子吼!"

这正是时宗的勇气。正是凭借这种大勇,他敢于迎战从大陆那头碾压而至的大军,终退敌成功。

不过,倘就史实来看,时宗之所以能成就这一桩彪炳史册的伟业,却并不尽是由于其骁勇过人。为抗敌,他做了周密的准备,不放过任何细节,然后从全国各地调兵遣将,将计划付诸实施。他本人虽然从未离开过镰仓,可军力却遍布西部国土,且令行禁止,毫不含糊,这在靠驿马通信的久远时代,确实令人惊叹不已。可以想象,如果没有举国军民对他的完全信赖,实难成就如此宏业。

在时宗的葬礼上,佛光国师在悼词中粗线条地概括了时宗的人格:

> 故我大檀那果公禅门,乘大愿力来,依刹那种
> 住。视其所以,观其所由,有十种不可思议。何谓
> 十种?曰:事母尽孝,事君尽忠,牧民以惠,参禅
> 悟宗。二十年乾坤握定,喜愠不形于色。一扫蛮烟,

不示矜诲。造圆觉以济幽魂，礼祖师以求明悟。实为人天反转，为法而来。乃至临终之际，忍死以受老僧衣法，了了书偈而长去。此乃世间了事之凡夫，亦名菩萨之应世。

毫无疑问，时宗是不世出的天才。但禅修之功不可没，在事功和个人生活两方面都对他有莫大助力，是一个事实。他的妻子也是一位热心投入的禅修者，夫君故世后，她在圆觉寺对面的山上，创建了一座尼庵，即松冈东庆寺。

人们常说，禅与武士相投合，这话在镰仓时代意味尤深。时宗不仅是个武士，同时也是一位以和平为宗旨的大政治家。接到元寇入侵第一报的时候，时宗便于建长寺，在禅师无学祖元主持的法仪上，诵读了一篇祷文：

弟子时宗专祈：永扶帝祚，长护宗乘。不施一箭，四海安和，一锋不露，群魔顿息。德仁普利，寿福弥坚。秉慧炬，烛昏衢，剖慈心，赈危乏。匡护诸天，密扶众圣，二六时中，吉祥骈集……

时宗不愧是虔敬的禅修者，身体里寄宿着佛教精神，气象浩然。禅之能在镰仓及京都确立，并在道德与精神方面对武士阶级产生辐射，端赖其倡导之功。发端于日中两国禅僧之间的频繁往来，其影响所至已不限于他们共同关注的精神创造活动：从中国输入的不仅有书籍、绘画、陶瓷、纺织品及形形色色的美术品，那些木工、石匠、建筑师、烹饪师等职人也陆续随他们的禅师主人渡海而至。所有这一切，又直接导致了后来室町时代对中国贸易的繁荣。

就这样，在时赖、时宗这种强力人格的感召和引导下，禅文化深深地融入日本人——特别是武士阶层的生活中。禅在镰仓的动静越来越大，其影响开始波及京都，在那边受到了日本本土禅匠的大力支持，甚至吸引了不少皇族的笃信者，包括后醍醐天皇、花园天皇在内。一时间，京都城四处兴建禅寺，以道德学问著称的禅匠纷纷成了各大禅寺的开山祖师。连足利幕府的将军都成了禅的尊崇者，其麾下众多武将，群起效法。我们看到当时日本的英才，或当僧侣，或为武士，二者之间的精神融合则创造出后来闻名于世的"武士道"。

在此，我想就武士的体验方式与禅的内在联系问题，稍加介绍。窃以为，我们今天所理解的武士道的核心，其实就在于对武士威严的不懈护持。而所谓武士的威严，即忠孝仁义的精神。而若要践行这些义务，务须做到两点：一是在实践和哲学两个层面，抱定苦行锻炼的信念；二是要有常住死身、向死而生的觉悟，即在关键时刻，能抛却身家性命，舍生取义而无半点犹疑。而这两者，均离不开精神上的长期修为。最近，大概与在中国发生的军事行动有关，一本书开始被广泛谈论，炒得沸沸扬扬，那就是《叶隐》。所谓"叶隐"，顾名思义，是"隐身于枝叶的阴影中"之意。其实质，是在传授所谓武士之德，即从不自我夸耀、哗众取宠，而是避开众人的视线，对民众同胞倾情奉献。全书由各种记录、逸话、训言组成，是17世纪中叶，佐贺藩主锅岛光茂手下一位禅僧负责编纂的。该书的主题，是极力强调武士应有随时交出性命的觉悟，主张任何伟大的功业，若是行动主体不能达到迷狂的境界——用今天的话说，即如不能突破日常思维的藩篱，充分调动隐藏于意识之下的无限潜能的话，便无所成就。毋庸讳言，这种力量有时会表现得像恶魔一样，但毫无疑问，它具有超人的性质，威猛无比。无意识状态的闸门一旦开启，它便会突破人身的限制，升腾而出，与此同时，死亡也会失去其恐怖的芒刺。我们说武士的修行与禅相通，正是基于这一层。

《叶隐》中有这样一个故事。柳生但马守是一位剑道大师，彼时担当指导将军德川家光的剑道师。一天，一位旗本前来拜访但马守，请求指点剑道。

　　大师说："以吾所见，您已然是一位剑道师了。在我们结成师徒之前，请问您师从哪个流派。"

　　旗本答道："说来惭愧，吾从未学习过剑道。"

　　"您是与在下开玩笑吗？吾身为将军的指导老师，是绝不会看走眼的。"

　　"忤逆师尊，诚惶诚恐。不过，在下确实对剑道一无所知。"

但马守见来客矢口否认，便思忖道："既然您这样说，那么想必就是如此了。但您肯定是一位修炼得道的高人，尽管我还说不大好。"

旗本说道："既然您如此坚定，那么我就说了吧。的确有一件事，我可以说已完全修得。在我还是懵懂少年的时候，我便萌生了要当一名武士——那种无论面对何种场合，都不怕死的武士的想法。从那以后，我经历了与死亡问题的长年搏斗，直到完全不再受其困扰。您指的可是这件事？"

"正是。"但马守不禁叫出声来，"一点不错！我的判断不会有问题。剑道的奥义，就是视死如归，无惧死亡。我指导过的弟子数以百计，可学成者竟然一个也没有。您无须再修习任何技巧，已经是出色的老师。"[1]

死亡是我们每一个人的重大人生课题，对于随时准备为战斗献身的武士来说，则显得尤为迫切。战斗意味着死亡，对征战的双方来说皆如此。在封建时代，谁都无法预言死亡何时到来。对于视名节为生命的武士来说，需随时准备赴死，不可有一刻的懈怠。17世纪的武士大导寺友山，在他的著书《武道初心集》中，这样写道：

1　出自《叶隐》第十一卷。——英文初版注

对武士来说，至关重要的功课，莫过于死亡观。为此，从元旦破晓时分，直到除夕的最后一刻，他须一年到头，念兹在兹，不分昼夜。当此念被牢牢地植入肉身之时，方能十二分地恪尽职守。事主以忠，待亲以孝，便可避开一切灾祸，不在话下。汝既得享长寿，亦兼备威德。需知人世本无常，武士之命尤甚。如此，汝方能以日日为己之末日，从而自我奉献于每一天，以尽汝之本分。勿思长命，那会使汝耽于奢靡浪费，生命在污名中闭合。正成常令其子正行悟死之道，亦缘于此。

应该说，《武道初心集》的作者确实恰如其分地表达出了一般武士心中意识模糊的想法。对死的信念，既可使人超越因袭、僵化而有限的生命，又能促进人们对日常生活真谛的思考。因此，诚挚笃信的武士会抱着战胜死亡的想法，自然而然地接近禅。唯禅主张以并不诉诸于学问、道德修养或礼仪的形式来处理生死问题，这对于比较不长于思辨的武士来说，无疑具有极大的魅力。武士的心态与禅的直观性实践教法之间，有种内在的逻辑关联。

《叶隐》中还有这样一段话：

　　　所谓武士道，即看透死亡。于生死两难之际，要当机立断，慨然赴死。别无道理可言，昂首前行便是。那种所谓"无谓之死，徒然丧命，轻如犬死"的说法，是上方[1]一带武士道的浅薄之见。处于生死歧路的人，未必一定能做到死得其所。人都喜欢活着，人之所好方为硬道理，可没有比目标落空却苟活于世更窝囊的了，这个界限极难把握。命丧而未中的，虽无异于丧失理性的犬死，却并不为耻，因无愧于武道。武士须每朝每夕，重新思考死之深意，即"常住死身"。如此，汝便能在武道中得自由，一生无过，成就家业[2]。[3]

后世有此书注者，在其后添加了一首塚原卜传[4]所作的和歌：

武士之所学，

终究为一死。

《叶隐》中还引述了长滨猪之助的话：

---

1 明治维新以前，因天皇的皇居在京都，故京都附近的近畿地区被称为"上方"，与"田舍"是相对的概念。
2 因武士是世袭的职业，所以也被看成家业。
3 出自《叶隐》第一卷。——英文初版注
4 塚原卜传（1489—1571），战国时代的剑士、兵法家。

兵法之要，惟舍身讨敌而已。敌亦舍身还讨之时，始成对手。斯时，胜出者所凭，惟信与命。[1]

对此，注者又附记一笔，说荒木又右卫门[2]在征讨伊贺上野之际，曾告诫外甥渡边数马，曰："舍己之肤以削敌之肉，舍己之肉以剔敌之骨，舍己之骨以取敌之命。"荒木还在其它场合[3]留下过这样的话："面临生死决战的关头，须抱定必死的信念前行，如此汝将锐不可当。非抱此念应战，便无法取胜。此中有深意。"

《叶隐》又说：

武士之德行，在于超脱生死。不能超脱者，将一事无成。所谓"万能一心"者，闻之似"有心"，但其实就是超脱生死。在此之上，万事可为。技艺无非是入道的机缘——敲门砖罢了。[4]

这种超然于生死的状态，就是泽庵禅师所谓的"无心"。到达这种"无心"之境，可成就一切，且不复为生死问题所困扰。

1　出自《叶隐》第十一卷。——英文初版注
2　荒木又右卫门（1599—1638），名保知、保和，江户时代初期的武士、剑客。
3　指《一刀流闻书》。——英文初版注
4　出自《叶隐》第十一卷。——英文初版注

上面提到的塚原卜传其人，是一位真正领悟了剑道真谛的剑士。对他来说，剑并不是杀人的武器，而是锤炼自我意志的道具。他的传记中，曾写过两则逸话：

一是把那个爱说大话的武士给撂在孤岛上的无手胜流[1]的事，还有他测试自己三个儿子剑技的传说，都是脍炙人口的故事。武田信玄（1521—1573）和上杉谦信（1530—1578）是生活在16世纪战国时代的两位名将。因他们的领地一在日本北部，一在中部，且相互毗邻，故二人常被相提并论，也发生过几次争锋斗角之事。可无论是作为武士还是统治者，其实二人实力相当，不分伯仲，也都是禅修者。当谦信了解到信玄正为其治下的民众缺盐的问题而焦头烂额时，便慷慨地从自己的领地调拨物资支援敌方，因他统治的越后地方邻近日本海，盛产海盐。还有一次，在川中岛对峙战中，敌方故意按兵不动，让谦信撩火，以至于他终于沉不住气，遂单枪匹马，突入敌阵，准备一决雌雄，却见敌将与几个幕僚坐在椅子上，神态悠闲。谦信抽剑直逼信玄的头顶，在砍杀之前，发了句禅问："剑刃之下意如何？"信玄镇定自若，一边用手中的铁扇挡开头顶上方的利剑，一边答道："红炉上一点雪。"尽管这神问答未必能当真，却从侧面说明了两位武士对禅有多么热衷。

谦信之所以追随益翁潜心修禅，是有由头的。有一次，

---

1 无手胜流：不战而胜的剑法。

益翁讲解菩提达摩的"不识"[1]说，谦信也去听了。他自恃对禅略知一二，便动念试探一下禅师的深浅。于是，谦信装扮成一般武士的样子，混在听众中等待时机。不承想，益翁却冲着谦信问道："阁下，达摩不识为何意？"谦信一下子怔住了，无可作答。僧师接茬发问："阁下平时在各种场合，谈起禅来总喋喋不休，何以今日竟如此沉默呢？"谦信的自尊被挫伤，遂在益翁的指导下开始正经修禅。僧师常告诫他："汝欲领悟禅意，须舍命直入死穴耳。"

后来，谦信如此训诫家臣：

> 执着于生者死，抱必死之念者生，惟心志矣。如能会心于此，并恪守其志的话，则纵浴火而不伤，落水而不溺，生死何惧之有？予常明此理，而深得个中三昧。惜生厌死者，未得武士之魂魄也。

信玄也曾在《信玄家法》中谈及禅与死的关系：

> 对佛心，宜虔信。曰：得佛心者，时有助力；横心制人者，则亡于显山露水——所谓"神不受非

---

[1] 不识：不知道、不懂、无知等说法，通常被用于否定语态，而在禅宗中，却会在肯定的语境下使用。即对那些在一般性的常识判断范畴中，不可能不知道的事体，摒弃分析、区别、价值判断等理性行为，刻意以"不识"的姿态，试图进入超越一切对立的"悟"境。

礼也"。专心参禅便是。语云：参禅无秘诀，惟虑
生死也。

从这些言说中，我们能看到禅与武士的生活，这两者之间的确有某种内在的必然联系，也很容易理解为什么禅师们有时竟会视死如儿戏。信玄的老师是甲斐国惠林寺的快川和尚。信玄死后，因惠林寺拒绝交出躲进庙里的敌军逃兵，1582年4月3日，寺院遭到织田信长部队的包围。士兵们把快川和尚和全寺的僧侣统统驱赶到山门的楼上，然后放火焚烧建筑物，企图把反抗者活活烧死，一网打尽而后快。禅僧们在快川和尚身边默默地集结，然后次第结跏趺坐于佛像前，井然有序。快川和尚仍像往常那样，开始说法："吾等现在正被大火包围。值此危难之际，需汝等各陈己见，以示汝将如何转动达摩的禅轮。"于是，弟子们纷纷基于自身的领悟，轮流作偈。当大家都说完之后，快川端出了自己的见解。众人听罢，一齐在火中入定。和尚偈曰：

安禅不必须山水，
灭却心头火自凉。

有种观点认为，16世纪的日本英才辈出，一些杰出的人物堪称典范。由于封建诸侯之间长期的征伐混战，国家陷入四分五裂的局面，政治板荡，社会撕裂，民众深受戕害，苦

不堪言。可另一方面，武士阶级围绕政治和军事霸权展开激烈的争夺，客观上也淬炼了武士的道德和意志力。所以，他们才在生活的方方面面，表现出刚毅果敢的阳刚气质，可以说构成武士道的大部分道德戒律，多形塑于这个时期。作为武门诸侯的典型代表，信玄和谦信不仅骁勇善战、临危不惧，而且善于以贤明和智慧统合民众，富于远见卓识，绝非粗鄙鲁钝的赳赳武夫，而是诸艺精通且心存虔敬的秀逸之才。

有趣的是，信玄和谦信这两位赳赳武将，竟然都成了虔敬的佛教徒。信玄俗名晴信，谦信叫辉虎，可二人却以法号闻名于世。他们年轻时都曾蒙教于禅寺，但人到中年才剃度，自称"入道"。与彼时正宗的佛教僧侣似的，谦信也终生未娶，且不食荤。

如在日本有教养的阶层常见的那样，二人热爱自然，耽于诗歌创作。谦信在出征邻国时，曾作过这样一首诗：

> 霜满军营秋气清，
> 数行过雁月三更。
> 越山并得能州景，
> 遮莫家乡怀远征。

信玄之钟情山水，丝毫不逊于越后的敌将。有一次，他造访位于自己领地内、却有些偏僻的不动明王祠，附近禅寺的住持请求他在归途中稍作停留。信玄起初婉拒了邀请，推说近日备战，诸事繁忙，恐无暇逗留。还特意叮嘱：待出征归来后，再择日拜访贵寺。那位住持就是后来被织田信长烧死的禅僧之一，遭到信玄的婉拒后，仍不肯罢休，继续说道：

"春意盎然，花正满开。为了能让阁下尽情地观赏这大好春色，贫僧聊备一桌筵席，务请大驾光临寒寺，共赏樱花。"

信玄心想："赏樱倒是不赖。再说，也不该辜负和尚的一番好意。"遂默从之。一边观赏樱花，一边与和尚聊一些出世的话题，随手写了一首和歌：

> 若非友相约，
> 樱花成懊悔。
> 来春打此过，
> 深雪覆禅寺。

哪怕战事正酣，却不妨碍信玄和谦信亲近大自然，那种超越任何功利的审美驱动，可谓"风流"。在日本，不识这种风流雅趣的人，被目为粗鄙无知，不登大雅之堂。这种情感不仅关乎美，而且带有某种宗教色彩。一些长于艺文、教养深厚的日本人，会在临终之际赋诗作歌，也是这种心态的投射。那些诗歌，以"辞世诗"的形式，流传于后世。日本人从小便接受这种训练，即无论处于多么紧张亢奋的状态，都能自我抽离，找到片刻的闲适从容。死亡作为生命中的严重事件，是一等一的，足以夺走人们全部的注意力。不过，有教养的日本人仍然可以冷静地审视它，并试图超越。即使在封建时代，写辞世诗也并不是教养阶层的普遍行为。应该是在镰仓时代，由某派禅僧开风气之先，而后才逐步定型化的风习。据说佛陀即将圆寂的时候，曾召集弟子，示以临别的训诫。中国的佛教徒，特别是禅僧，也有样学样，可他们所留下的，已经不是辞别之训，而是对各自人生观的总结。

武田信玄的辞世之偈，就是对这种禅文献的引用：

大底还他肌骨好，

不涂红粉自风流。

此偈强调了"实在"（reality）的绝对完美：吾等来自实在,归于实在,同时又常住其中。多彩的世界打我们眼前流过，复漂回，但表象的背后，是亘古不变的永恒之大美。

上杉谦信在临终之际，自作了一首汉诗和一阕和歌，为自己"盖棺"：

一期荣华一杯酒，

四十九年一睡梦。

生不知死亦不知，

岁月只是如梦中。

极乐与地狱，

不妨暂忘去。

心如清晨月，

不挂一丝云。[1]

在成书于14世纪末的《太平记》中，记录了镰仓时代的武士之死。那些事迹，与后来惠林寺禅僧的故事一样，使我们清晰地看到禅对武士道，特别是武士的生死观所产生的影响。北条高时的家臣中，有一个叫盐饱新左近入道的人，虽然是武士，但在镰仓的武士阶层中，身份卑微。可当主君的厄运降临时，他却准备为主殉命。他把长子三郎左卫门忠赖叫到身边，含泪说道：

"各方关隘悉破，闻满门将士皆欲切腹。吾亦将在主君之前先行一步，以忠义示人。惟汝尚年幼，未及蒙主恩，纵不舍命，人弗谓汝不晓大义。汝宜暂且隐身，出家遁世，为吾族后人念佛祈福，静心渡世可也。"

三郎左卫门忠赖听罢，也泫然泪下，良久无语。但这次，他却无论如何难从父命："忠赖虽未亲蒙主恩，然吾一族之血脉延续，至今香火不断，皆系拜主公武恩之所赐。忠赖自幼入释门，或可弃主恩就

1　出自《谦信家记》。——英文初版注

无为。然吾既生于武门，岂有眼见武运将倾而避时难，选择出家保身之理？为天下人所嗤笑者莫过于此也。若父亲决意与主君同去，吾愿为冥途之先导也。"话音未落，只见他从袖中抽出事先藏好的短刀，一刀刺入下腹，当场气绝。其弟盐饱四郎见状，亦欲切腹，追随兄长而去，却被父亲制止："遵从长幼之序方为孝道。吾先行一步，汝随后跟来就是。"盐饱四郎说罢，收刀入鞘，侍于父前。入道面露快慰的笑容，命四郎在中门备圈椅一把，结跏趺坐于其上。又令四郎取来笔砚，挥毫题了一首辞世之颂：

提诗吹毛，
截断虚空。
大火聚里，
一道清风。

写罢作交臂伸颈状，令小儿砍其头。四郎赤膊上前，手起刀落，砍断父亲的脖颈，又回手一刀刺入自己的下腹，只剩刀柄在外面，人伏地而亡。入道的其他三个儿子见状，也跑过来，轮流用同一把刀刺腹，卧倒于地，头挨着头，宛如鱼肉串。[1]

---

1 出自《太平记》卷十。——英文初版注

北条一族覆灭之时，有一位名叫长崎次郎高重的禅门武士，他的师父也是北条高时的老师。一次，长崎去拜访那位老师，问道："值此关头，勇士当何为？"禅师当即答道："奋力舞剑直前。"武士听罢顿悟师意，日后变得更加骁勇，直到在战斗中精疲力竭，倒在主君高时的足下。

这种精神，说到底就是禅的精髓，它靠武士禅修者的修行养成。禅并不热衷于对灵魂不灭、神道正义或行为伦理等问题的空泛议论，主张一旦达成结论，甭管结论本身是合理还是荒谬，都应该将其进行到底。哲学自有那些爱思辨的心智去加持，那也是哲学的安全港，禅则需要行动。而最有力的行动，就是决心既下，便一往直前，绝不回头。从这个意义上说，禅的确是武士的宗教。

"从容赴死"，是日本人打心眼里崇尚的一种德行。人终有一死，且死法各异，但只要做到视死如归，连罪人的罪愆亦可得宽宥，如此倾向，相当普遍。

所谓"从容"，有多重含义，如"不留遗憾""留取丹心""行如勇士""刚毅果决""泰然自若"，等等。日本人从来讨厌面对死亡时的拖泥带水、磨磨叽叽，而向往那种风吹樱落般的飘逸洒脱，这种对死亡的态度正与禅的教义暗合。你可以说日本人并没有什么不得了的生命哲学，却有独特的死亡哲学，尽管这种哲学乍看上去显得有些鲁莽。武士精神吸收禅的精粹形成了自己的哲学，并向民间辐射价值。普通民众即使未经过武士的专门训练，但由于不知不觉间已将武士精神植入心中，以至于他们亦有可随时为某种自己认为正确的理由而献身的觉悟。这一点，在日本史上历次战争中已经得到证明。一位研究日本佛教的外国记者尝言，"禅才是日本的性格"[1]，诚为切中肯綮的评价。

1　出自查尔斯·艾略特著《日本佛教》。——英文初版注

第四章

禅与剑道

"刀是武士魂。"所以，武士的谈资，三句话不离刀。武士尽忠，须置生死于度外，随时准备放弃生命——这意味着要么暴露于敌人的白刃之下，要么剑指自己的肉身。刀与武士的生命如此紧密相连，以至于成了忠诚与自我牺牲的象征。其明证之一，是日本人会以各种方式表达对刀的敬意。

说起来，刀具有双重功能：一是斩除所有违抗主人意志之物，二是消除一切由自我保护的本能而生的冲动。前者关乎爱国主义、军国主义思想，后者则包含忠的要素和自我牺牲的宗教内涵。就前者而言，刀常常被认为是一种单纯的破坏，意味着实力，有时甚至代表邪恶，因而有必要借助第二种功能来加以抑制、圣化。有良知的刀主，会始终铭记这一真理。只有这样，毁灭的能量才会导向恶魔。于是，广结那些能为世界带来精神之安宁者，消灭一切阻碍和平、正义、进步、人道的势力，便成了刀的使命。刀，从来是生的体现，而不代表死。

禅中有所谓活人剑、杀人刀的说法。一个出色的禅师，当知道何时、在何种场合下使用哪一个。文殊菩萨右手握剑，左手持经，也使我们联想到先知穆罕默德。不过，文殊手中的圣剑，却并不为杀生，而是为了斩断我们自身的贪欲、嗔恚、愚痴。而外部世界是我们内心的折射，就在我们被剑指的同时，外界也将从贪欲、嗔恚、愚痴中得解脱。不动明王亦曾佩剑，并试图歼灭那些阻碍佛德普传的敌人。文殊是积极的，不动明王则是消极的。不动明王的愤怒像地火一般延烧，直到烧尽敌人最后的阵营。但他最终将还原本来面貌——他既是卢舍那佛的显灵，也是其侍从。卢舍那佛不持剑，因为他本身就是剑，虽寂然不动，却包容世界。如下的"一剑"问答，也道出了这个意思。楠正成（1294—1336）在凑川迎战足利尊氏的大军时，来到兵库的一座禅寺，问那里的和尚：

"生死关头当如何？"

和尚答道："两头皆斩断，一剑倚天寒。"（即斩断二元论，让剑静指天际。）

须知，此"一剑"既非生之剑，也非死之剑，堪称绝对之剑：不仅二元世界源于此，生死的一切皆存于剑中，可以说，那剑就是卢舍那佛本身。只消对这一点有所把握，便知身处人生歧路时，当如何行动了。

在今天，剑还意味着宗教的直觉力和勇往直前。这种直觉不同于智力，它不会因与自我的分离而挡自己的道，更不会瞻前顾后。它只是一往向前，一如庄子的《庖丁解牛》：关节仿佛就为了从身体上分离而等待庖刀的到来。庄子说，因关节本身即是分开的，故庖刀虽老，"是以十九年而刀刃若新发于硎"——好像是刚从磨刀匠的手中接过来似的，煞是锋利好用。同理，作为真实存在的"一剑"，不知斩断了多少利己心，却不知磨损为何物。

剑与神道也有关联。不过，它并没有达到如佛教那样高度发达的精神意义，犹坦露着自然主义的起源。神道之剑不是象征，而是具有某种精神力量之物。在日本的封建时代，武士阶级的确抱有这种观念，尽管我们很难界定其内涵。至少，他们对剑抱有一种崇高的敬意。武士临终时，剑必置于床侧；孩子出生时，室内也不能没剑。他们认为如此便能将恶魔挡在门外，以护佑那将逝和正要降临的灵魂——这显然是万物有灵论的残留。"神剑"的观念，亦可作此解。

还有一点也值得注意：刀匠在锻造、打制刀剑时，会乞求神灵保佑。职人们为请神，会在锻冶场四周围上注连绳，防止恶魔入侵。他们自己操办驱魔避灾的仪式，并穿着祭祀的礼服工作。当职人和助手锻锤铁棒、淬火的时候，务须全神贯注，屏气凝神。因深信自己的工作必得神助，他们会将全部的心智和体力倾注到作品中，精神绷紧到极致状态。这样打造的刀剑，必是真正的艺术品，是职人精神的折射。日本刀之所以具有摄人魂魄的力量，正缘于此。世人看刀剑，不是作为破坏的武器，而是灵感的对象。关于刀匠正宗的传说正由此而来。

正宗铸剑，盛期是镰仓时代后半期。其制作品质精湛，得到了刀剑收藏家的一致称颂。如单就剑锋而论，正宗也许不及他的高徒村正，但世间认为，他的剑中有某种源自其人格的特质，可摄人魂魄。传说有个人想要试一试村正造剑有多锋利，便把剑插在河水中，看从上游漂流而下的枯叶碰到剑刃会怎么样。结果，"迎刃而上"的枯叶，断为两截，屡试不爽。接着，那人又试着把正宗剑插进河中，却看到吃惊的一幕：漂流的落叶并不迎刃，而是自动避刃而下。正宗对杀人不感兴趣，剑对他来说，意义远大于斩首道具。而村正却囿于杀人的局限，在他身上，没有任何诉诸神性、可打动人心的元素。也许我们可以如此形容：村正是可怖的，而正宗有人情味；村正代表专制，而正宗则是超人的。连在剑柄上刻写名号这种一般刀匠的习惯做法，正宗都全然不予理会。

在能乐中，有一出曲目叫《小锻冶》，揭示了日本人心目中刀被赋予的道德及宗教上的意义。那个曲目大约是足利时代的创作，说的是一条天皇命当世名匠之一小锻冶宗近为他制作一把剑，宗近虽备感荣光，却无论如何难遵旨完成任务，因为他身边没有一位与他的技艺相配的助手。于是，他向自己的守护神稻荷神祈祷，乞求派遣一位能胜任这项工作的帮手。他严格遵循传统仪轨，设置祭坛。待驱魔辟邪的仪式结束后，他祈祷道：

"接下来，我要做的工作，并非为荣耀自己，而是服从统治世界的王者之圣意。在此，我向如恒河沙数般众多的神灵祈祷：请你降临，助贫贱卑微如宗近者以一臂之力，保佑我打造一把足以配得上尊贵至上的庇护者之厚德的利剑。仰天伏地，为了能出色地完成这一使命，兹献上象征着我的炙热愿望的币帛，乞请神的垂怜。"

这时，不知从什么地方传来一个声音："祈祷吧，宗近！虚心竭诚地祈祷吧！打铁的时候到了。相信众神，汝之事功必得成就。"然后，一个神秘的身影出现在宗近的身旁，襄助他锻造剑身。最后完成的时刻，从炼炉中现身的宝剑，带着祥瑞，美得不可方物。面对这把神圣的宝剑，龙颜大悦，"其功足堪慰也"。

正因为刀剑在打造的过程中，会熔入神性神德的成分，所以无论是刀剑的拥有者还是使用者，务须对这种灵感做出响应。只有那些德行高洁者，才能佩带日本刀，野蛮的人则不配。佩刀者大抵外刚内柔，表面上看是钢铁般的冷酷，而内心则包着活生生的灵魂。伟大的剑士，会不断地向弟子的心田浇灌这种情感，不知倦怠。因此，当日本人在说"刀是武士魂"的时候，他必会联想到与之相伴随的种种，诸如忠、自我牺牲、尊敬、恩爱等宗教般的精神涵养。只有在那样的世界中，才有真的武士。

二

　　武士刀分两种：长刀为进攻和防御之用，小刀为必要时
自戕而备。武士被要求随时佩带大小长短两把刀，因此，潜
心钻研剑技，艰苦磨炼是题中应有之意。刀是尊严与名誉的
象征，比任何东西都重要，武士须臾不可离身。剑道的锻炼，
除了实用目的之外，对道德与精神目的的达成亦有助益——
剑士与禅，遂在此携手。关于这一事实，虽然此前已有所论
述，但我还是想引征几则材料，进一步阐释禅与剑之间的密
切关系。

　　下面的几处引文，源自泽庵和尚致柳生但马守的书翰，
谈及禅与剑道的关系。这篇题为《不动智神妙录》的文字，
不仅阐明了剑道的一般秘诀，且揭示了禅的微言大义，在种
种意义上，它都是一部重要文献。在日本（想必在其他国家
亦如此），人们懂得单凭对技术的理解，不可能精通艺术的
道理，艺术要求人必须钻到精神世界的深处。而要把握这种
精神，只有当他的心与生命自身的原则产生共鸣，即到达所

谓"无心"的神秘心理状态时，才有可能。借用佛教的语义，就是超越生与死的二元论。如能抵达那种境界，所有的艺术都将与禅融为一体。在给但马守这位出色的剑士的信中，泽庵和尚特别强调了无心的意味。无心，在某种意义上，相当于"无意识"。从心理学上说，这是一种彻头彻尾的被动心态——人的精神毫无保留地交付"他"力。在这点上，单就意识而言，人成了自动木偶。不过，泽庵还阐释道，这种无心状态并不能与如木石那样的非生命物的无感性及没着没落的被动性混为一谈，所谓"寓意识于无意识之中"——也许只能用这种吊诡的说法加以描述。

泽庵的《不动智神妙录》

据佛教的说法，精神的发展分成五十二个阶次，其中之一曰"住"。人到了那个阶次，精神会凝滞于一点上，无法自由动弹。剑道中，亦有类似的窘境，泽庵称之为"无明住地烦恼"。

无明住地烦恼

所谓"无明"，正如字面之义，"迷"也。在五十二阶次中，止心于物之所，谓住地。住者，止也。而所谓"止"，即止心于万事。若以剑道论，就是眼眨着对方的刀劈将过来，汝的心思却仍在剑上，心止于剑，乃至全然不能动作，必遭人斩——住者，此之谓也。然汝见其刀，心并不止于其上，不随对方挥刀的节奏而动，亦不必思虑应对之策，而是见招拆招：眼见对方刀起，让心保持自由，瞅准时机攫其刀，再反刺对方——此乃禅宗所谓"还把刀头倒刺人"是也。即枪来矛挡，夺人之刀反制其人。倘汝无力做到那一步的话，则无论是对方袭来，还是汝袭对方，哪怕对攻击的人和攻击所用之器，对攻击的分寸与节奏，只刹那心有所住，便前功尽弃，必为敌手所杀。故不可住心于敌，亦勿住心于己，否则必为敌所制。紧绷心弦，身体保持戒备，对初学者来说，自然是必要的，因为刀会夺人心魄。住心于进攻的节奏，则心会随着节奏走。若住心于刀，则会被刀所制。凡此种种，皆因住心而导致关键时刻掉链子。汝当铭记，并与佛法相对照。在佛法中，称此心住为迷，故有无明住地烦恼之谓也。

诸佛不动智

"不动"，即字面的不动作。"智"，是智慧的智。所谓不动者，并非如木石等无机物那样性灵全无。所谓不动智者，乃不止之心，是从左至右，这头那头，四面八方，身随心动。右手持剑、左手执绳的不动明王，咬牙切齿，怒目金刚，欲降服一切妨害佛法之恶魔。他并不居于现实的世界，彰显容体，系为守护佛法，向众生彰显不动之智。那副神情，凡夫见了，恐惧顿生，遂不至起为害佛法之妄念；而近悟者，则领悟到此系不动明王不动智之显现，旨在驱逐迷雾。人若是像不动明王那样，明不动智，执此心法的话，则恶魔不彰。故不动明王，乃身心不动之谓也。而不动者，是不住心于一事一物，即见物心却不止于其上。如果见物心止的话，则会平生种种念想，在胸中淤积、纠缠，以至于妨碍心动，难达其用。譬如，十个剑客轮番挥刀与吾搏杀。我架开一刀，心并不止于其上，纵有十刀，次第如法应战，何惧之有？可但凡吾止心于其中一人，受制于他，纵吾能架开其刀，亦必将在与下一个人的相搏中功亏一篑。

观音纵有千只手，只要取弓之时，不止心于那只手上，九百九十九只手便皆可用。那么，观音身有千只手，究竟何用之有？答案是，观音之所以彰显此容，乃是为了昭示世人，只要不动智开，纵有千只手，皆有其用也。

想象前面有一棵树。如果你只盯着树上一片红叶的话，会不见其他叶子。倘不为一叶障目，而是漫不经心地把目光投向树时，则满树的叶子尽收眼底。故心止于一叶，会不见其余，心不止于一叶，则千百叶可见。得此道者，是千手千眼观世音。一干凡夫俗子，对千手千眼之身顶礼膜拜，更有一知半解者，讥一身千眼为虚妄之言。惟少数能者，既不盲信，亦不讥讽，而是从道理上尊信，正如佛法之以一物彰其理。诸道皆如此。譬如神道，盲信者与打破偶像者，究竟孰高孰低？其实是半斤八两，后者也许更糟糕一些。道在内而不在外；道有形形色色，终归结于一。

故人从初心开始修行，及到达不动智之境，其实又回到了初心之地。以剑道论，汝初习之时，既不知如何握剑，也不知防御之术。与对手相搏，也只能挡来挡去，心无所凭。随后是各种修习，从剑的握法到住心之法，无所不学。而与此同时，心却渐渐止于种种物象之上，以至于挥刀攻击之时，也会为外力所制，身不由己。但接下来，人如不放弃，仍持续不断地修行，经年累月，终有一天，会臻于化境，立身持剑，皆归于无心。而此时心态，与初心相仿佛，初同终也。正如数数：从一数到十之后，会重起一轮，一和十接踵相连。[1]

1　有个百足蜈蚣的故事。一次，蜈蚣被问到，何以能让那么多只脚，一齐向前移动。这一问不要紧，蜈蚣停下脚，开始思考。可这一停一思考，却使百足阵脚大乱，每只脚都瞎走起来，蜈蚣也因此而丧命。这个故事，有点像庄子论"浑沦"的话，两相对照，会很有趣。——英文初版注

佛教修行亦如此。当你到达最高的境地，会忘却佛陀、达摩，与天真无邪的孩童一样，却能从自我欺骗和伪善中解脱出来，获得自由。此时，你尽可认为，不动智就是无智，二者其实是一码事，而非两宗。而且，人在面临抉择之际，那种让人延宕犹疑的所谓理智判断会无影无踪，妨碍人进入无念无想之境的"止心"也不复存在。无智者，因智力尚未被唤醒，故处于稚拙的状态。而智者，已然充分开智，也不复依赖智力。所以，弱智与大智，像一对邻人，只有那些一知半解的半吊子，才会满脑子理智判断。

修行分两种：一种关乎理性，一种关乎技术。[1]前者旨在到达终极理性的境地——如前文所述，那里没有任何规范行为的戒律，只有让人自我前行的"唯一心"。后者则着眼于细节，力求做到技术上的娴熟，那也是必要的。因为倘若不具备起码的技术知识的话，便难以将眼前的工作继续下去。以剑道论，你须知握剑法、攻略，到实战时的各种姿势。所以，两种修行都是必要的，如车的两个轮子。

间不容发

世有"间不容发"之说。"间"者，为二物相合之隙，"间不容发"，是说此隙致密，连发丝也不能入也。譬如两掌相击，即刻发出"啪"的一声，断

---

1 泽庵称二者为理修行和事修行。——日译注

无哪怕一发的间隔。那种击掌后，方思发声的事，是不可能发生的。倘以剑法来阐释的话，那就是人若止心于敌之刀上，便会产生"间"，从而给对方造成可乘之机，致功亏一篑。而若能做到在人之刀与我之功之间"间不容发"的话，则人刀会成我刀。禅之问答中，也有关于此心的说法。而在佛法中，视此止于物之心为大忌，故称"烦恼"。惟有随湍流顺势而下的珠玉般不知止心为何物者，方为禅家之尊也。

石火之机

同样的语境，亦可用"石火之机"来描述。击石的瞬间，火花迸溅，无间无隙。刹那之势，非但迅捷，更是心无所止。住心于物，则必受制于他人。人越是想求快，心便会为一心求快之思虑捕获，反受其限。西行法师的歌集中，录有江口的歌女为欲借宿的法师所咏的一首和歌："君乃遁世者，切勿止汝心。"下句的"切勿止汝心"，道出了剑道之核心，即"无心"。

禅宗中，僧问："何谓佛？"法师示以拳。僧又问："何为佛法之奥义？"话音未落，法师又示以梅花，并指庭前的柏树作答。所答非择善恶，惟尊不止之心。所谓"不止心"，并不随色香而动，却得神助，并为佛所重，可谓禅心，切中佛法之奥义。相反，若是经一番思考后再作答的话，纵使口出金言妙句，终不脱住地烦恼。故石火之机者，电光石火之谓也。

譬如，当人跟你打招呼时，即刻出声应答，此即谓不动智。而如果这当儿上，你还在那里疑神疑鬼，左思右想的话，那就是心有所止，是混乱与无智[1]，说明你是寻常智之人。对所问当即作答，是谓"佛之智"，这原本是神人和世间万物所共享的智慧，不分闲愚。当人为这种智慧所驱使而行动时，会成神变佛。神道、歌道、儒学的教义林林总总，但究其根本，无非是谋求"唯一心"的达成（唯一心、佛之智、不动智，均为同一事物的不同称谓）。仅凭语言，不足以释此"心"。因为一旦付诸语言的阐释，心便会分裂为"我"和"非我"，且由于这种二元性，我们会做下一切善恶之行，从而为业力所操弄。"业"由心生，所以洞穿内心，才是正经。而具有如此穿透力之人，少之又少，多数人对这种穿透效果竟全然无知。

然而，徒有穿透力是远远不够的，还须将穿透力化作现实生活的能力，正像人在口干舌燥时，不能光靠谈论水来过"干瘾"一样，那是丁点儿用都没有的。关于火，无论你谈得有多起劲儿，也难以让你暖和起来。同样，佛教、儒教均以使人明心为诉求，但如果不能使它烛照日常生活的话，就不

---

1 即泽庵所谓的住地烦恼。——日译注

能说你真正洞察了真理。关键在于，要不懈地思考物之理，并力求在自己的内心将思考付诸实践。

心之置所

试问，应置心于何处？置于敌身，则为敌所制；置于敌刀，则为敌刀所制；执念于杀敌，则为这种执念所制；置于己刀，则为己刀所制；想到恐为敌所杀，则心又为那种念想所左右；而置心于敌之攻势，则为其攻势所挟……呜呼，心之置所岂有乎？

或有人会问，无论置心于何处，心之所至，志为之消，必败于敌；心若不置于他所，而收于脐下处，则随敌动之势，以不变应万变，岂非良策乎？此法固然不谬。不过，倘以佛法精进的视点观之，仍属修业学习之段位，与儒学之"敬"、孟子之"求其放心而已矣"庶几近之，境界实非高妙。至于"敬"字的心境及何谓"放心"，也许值得另写一书讨论。而即使收于脐下而非他处，心仍会为此念所囿，乃至动无自由，神散功溃。

人问：心既不置脐下，又不置他处，究竟该置于何处乎？答曰：置于右手，则为右手制；置于双眼，则心止于眼；而置于右足，则心为右足所困。如此，凡置心于一处，则身之余处皆不堪其用。然人当置心于何处焉？答曰：莫置心于任何一处，方可使心走遍全身——触手时，手可致用；用足时，功可抵足；用眼时，目可及物。"分心"于全身，则一身可用，并无偏废。置心于一处，则必为那处所制，致功用全失。无须琢磨，也不必臆断，让心注满全身，而非住于一处。如此，则身可随心而动，通体自由。

因此，心灵本不该住于身体的任何一部分，而须在全身充盈，自然流动。某种刻意而为的念想，会导致心向某个方面倾斜，而忽略其他方面。只有不过虑、不烦扰、不臆断，心才能无所不在，且所到之处，皆可开足马力，全力以赴。如此这般，工作手到擒来，心想事成。无论面对何种事体，应避免片面、偏颇。在心止于身体某个部位的情况下，当身体产生其他需求时，须将心从原先的状态中抽离出来，再释放到需要它的部分，这种切换其实并不容易。所谓"心如止水"——一旦心住于某处，它通常倾向于停在原处，即使能切换，也需时间。想让猫咪亲近自己，就要先拴住它，可对心却不能如法炮制，你不能像拴猫似的，把心拢于一处。若想让心在十个地方都发挥作用，就不能让它在其中任何一处停留。因为心一朝驻留某处，便意味着其他九处皆废。而能做到心流处处，非一朝一夕之功可及。

本心妄心

本心者，不住于一处，而是遍布全身。妄心者，即冥思苦想，致心固于一处。而本心若在一处凝滞不动，本心亦成妄心矣。本心失，则各处之用皆不可达，故保持本心不失是关键。例如，本心如水，不拘于一处，妄心如冰，不可盥洗沃面。只有化冰为水，使其流动，方可濯手足。心固于一所，不可致用，有如坚冰之不可濯手足也。溶心使其如水般遍流全身，则百用可及，乃本心之谓也。

有心之心，无心之心

有心之心，即对某个事物有所思，亦如妄心。心有所思，则平生种种臆断，是谓有心。而无心之心，正如本心，即心不围于一物一事也，系无臆断、无思虑，心遍流全身的状态，亦称无心。但这种无心，非如木石般的无机，而是心无所止，故亦称无心无念。苟达此无心之境，而不围于一事，身体便如水常盈，随时流向所需的部位，以达其用。心系一处，则不能自由动作。车轮惟其不固定，方可转动，否则便卡在那里，一动不动了。心也一样，围于一隅，便动不得。心有所想的话，纵听人语，也是听而不闻，此乃心止之故。人在琢磨某件事时，心思会专注于某个方向，而精神的过度专注，则会使人对周遭事物视若无睹、置若罔闻，都是心有挂碍惹的祸。惟有去除心中物，回到无心状态，方可在当用之时

82

达其用也。不过，祛除挂碍之念，弄不好又成一种心魔。所以，无须过度思虑，让心魔自行离去，复归无心，才是正经。修行渐深，无心自至。而急于求成，则适得其反，无心行远。古和歌云："思不思亦为思，劝君莫思不思。"

水上打葫芦

按下葫芦浮起瓢。投瓢于水中，以手按之，瓢会漂来荡去，出入肋间，不能止于一处。得道之人，应如水上葫芦，片刻不留心。

应无所住，而生其心

这句话以日文训读的话，当作"必先去其所住，而平常心自生"解。人无论从事何种营生，但凡动念行事，心必为斯事所滞。只须除却心之所住，平常心自生。心生之时，无须插手，插手则心止。举凡道艺种种，心无住而行之，方为达人。心止生我执，有执而轮回，故心止实乃生死之羁绊。譬如赏红花，心生赞叹，却不应所住。慈圆有歌云："柴门花自开，花红飘香由它去，凝神实不该。"花开吐香本无心，我凑上去赏玩，却像被它夺了魂似的，止心于花，实在懊恼不已。所见与所闻，心不止一处方为于至理。"敬"字可注为主一无适，也以不止心于一

83

处为要……而于佛法，则未必至上，只是一种我心不为他物所制、所扰的研习修行法。以如此方法修行，经年累月，无论置心何处，皆可保持自由随意的状态。故本节标题中，"应无所住"才是核心。而敬字之心，旨在使人专注，而勿见异思迁，四处留心。此法虽可免于心散，却只有一时之效，长此下去，心反而会陷入不自由之境。譬如，惟恐雏鸟为猫咪所捕，便以绳缚猫，使其欲捕而不得。人心亦然，如像绳系之猫一般不得自由的话，用难达矣。不过，倘若猫咪调教得法，即使放其绳，随它动，与雀同在，雀也安然无虞。如此，"应无所住，而生其心"之境至矣。放飞吾心，使其适性随意如猫，则心既可致用，且不止于一物。

以剑法而论，心不住于挥刀之手，且忘却自己而奋力搏杀，不住心于敌。人空，我空，手空，剑空，心才能不住空。

囊昔，镰仓无学禅师在中国时，为元兵所俘，眼瞅着就要被砍杀的当儿，口占一偈"电光影里斩春风"，元兵遂弃刀而逃。元兵挥舞之剑，疾如闪电，可无学之心，却念想全无。刀无心，挥刀者无心，吾亦无心；刀空，人空，吾亦空。至此，人不成为人，刀亦不复为刀，吾于电光之中，如春风吹过长空。此系不止于一切物之心。惟心不止于刀，始可斩断

84

春风。忘心而为，则诸事可达。

　　舞蹈亦如是。跳舞时，手执扇，足踏地。若净想着手足的动作和舞姿曼妙的话，则难入佳境。何也？盖心止于手足，则妙趣尽失也——所谓"思虑不丢，万事皆休"。

　　泽庵和尚的书简远不止这些，但有些涉及专门技术，内容过于艰涩，在此从略。不过，为了更好地诠释"无心"，拟再举一例，聊补禅师未竟之意。

　　一樵夫在荒山中伐树，正干得起劲儿。突然，一只悟现身。因悟是一种珍稀动物，平时难得一见，樵夫便欲活捉之。动物看透了樵夫的心思，说道："你想要活捉我，对吧？"樵夫大吃一惊，惊得连话都说不出。跟着，动物又说道："哈哈，你显然被我的读心力给惊到了。"樵夫听罢，越发错愕，心想：不如一斧子砍死这个怪物算了。正想着的当儿，悟又放话了："看来，你是琢磨着要弄死我。"樵夫陷入慌乱之中，自觉对付不了这只动物，不如由它去吧，索性继续干起活来。可悟哪里肯罢休？步步紧逼："哈哈，你终于放过我了。"

　　至此，樵夫已方寸全失，既不知如何自处，也不知该怎样对付眼前的动物，只好认屄，刻意不理会悟，重新举起斧头，卖力地伐起树来。干着干着，斧头"嗖"地脱出斧柄，飞了出去。飞起的斧头正击中悟，登时将其砍杀。这正是：任汝"读心"有术，何以读"无心"之心？

剑道不单纯是技术问题。徒有技能训练是不够的，技能再娴熟，也不能单凭这一点出徒。因此，在剑道的最后阶段，有种秘诀只授予有资格当老师者。在师匠们中间，这个秘诀（奥义）被称为"水月"。对此，江户时代的武士、剧作家佚斋樗山曾做过一番阐释。实际上，这种阐释，不过是禅教义中的"无心"论而已。樗山写道：

水中月，意如何？

剑道各派，说法不一。有水处，月会在"无心"的状态下映照出自身，关键是体会这个映照的过程。正如嵯峨天皇在广泽池畔所咏的和歌那样：

月不思留影，
水无意映照，
广泽池水平。

可以说，这首和歌触及了无心的真谛：在那里，一切是自然造化，并无一丝一毫人工的雕饰。

樗山接着写道：

所谓一轮明月映百川，是映月之水异，非月光分影众。即使没有映月之水，月光依然如故；深潭大川也好，泥塘水洼也好，映出的月影从无变化。

以此类推，便不难解心相之神秘。不过，水月相遭，亘古如是，而心灵则不同，所谓心迹难寻。象征只是象征，并非真理，一种暗示而已。

三

《大西洋月刊》1937年2月号上，刊载了一篇文章，是一位名叫胡安·贝尔蒙特（Juan Belmonte）的西班牙斗牛士的经验谈。斗牛作为一种技艺，原本就酷似日本的击剑，而且这个故事颇有启发性，请允许我援引译者的笔记和这位顶级斗牛士自己的话，对文章做一简介。可以看到，胡安·贝尔蒙特在斗牛中的感觉，与泽庵和尚致柳生但马守书信中所传递的那种心境颇相似。这位西班牙斗牛士若是有过佛教修行历练的话，想必对"不动智"有所洞察。

译者在笔记中如此写道："斗牛并非体育竞技项目，二者没有可比性。无论你喜欢与否、是否认同，斗牛与绘画和音乐一样，是一种艺术。你只能从艺术的角度来感知这种技艺，并做出判断：技艺中蕴含的情感，是高度精神性的，足以渗透人的心灵，与一位懂得并热爱音乐的人，听一位伟大指挥家指挥一场交响管弦乐的情境颇有一比。"

胡安·贝尔蒙特描述在斗牛过程中那些最要劲儿的瞬间

自己的心理状态时，如此写道：

猛牛一冲出来，我即刻迎上前去。当我第三次成功地引逗并闪避开公牛的冲撞之后，全场观众起立喝彩。可我到底做了什么呢，竟然博得如此喝彩？我已经忘了观众，忘了斗牛士伙伴和我自己，连斗过的公牛都忘记了。我只专注于斗牛，就像以前独自在深夜的牛栏和牧场上与之相斗一样，一边用斗篷躲闪着，一边用红布来激怒它。我动作精准，如在黑板上绘图。以至于那天下午，观看表演的人，无不夸赞我的技艺，觉得我是受到了某种天启。其实我也不知道为什么，更无力做出判断，只是觉得就该这么斗，我不过是照自己想的那样斗了一场罢了。我头脑中只有一件事，那就是对自己正在做的这件事的信念。在面对最后一头公牛时，我生平头一次把身体和灵魂成功地融入那种纯粹的斗牛的喜悦中，竟全然没有意识到观众之有无。想当初，我在家乡独自斗牛玩时，常常对它说话。其实那天下午，我也在与它对话，当我手中的红布在空中画出一个又一个旋涡的时候，对话一直在进行。当我不知下一步该如何出手的时候，我蹲在它的角下，脸凑到它的鼻端：

"嗨，小公牛！"我说，"过来撑我吧！"

说完，我直起身，在它的鼻子下展开红布——我以这种方式激它，让它对我发起攻击。接着，我又喃喃自语起来：

"往这儿来，小公牛！可劲儿朝前冲就是，你不会有事的。在这儿，就在这里！看到我了吧，小公牛？怎么，你累了吗？

来吧来吧！不要胆怯，来捅我吧！"

　　我施展理想中的攻势，伺机劈刺。因在梦中一遍又一遍地反复操练过，连劈刺时剑划过的轨迹线都像在心中计算过似的，有种数学般的精确。可在梦中，我的进攻却每每以灾难收场。当我正想置它于死地的时候，那公牛一准会钳住我的单腿。当然，导致这种悲剧的，是我在潜意识中对自己一剑封喉的技艺仍心存侥幸。可尽管如此，那天我始终保持理想的攻势，置身于牛的双角之间，观众的呼喊，听上去像是远方的低语。终于到了最后关头，就像梦中所见的那样，公牛一下子钳住了我。但那一刻我是如此陶醉，陶醉到忘我，竟全然没有意识到受伤的腿。我奋力出手，刺进公牛的咽喉，它在我的脚下訇然倒下。

　　这里，需补充一点。贝尔蒙特在进入最后搏斗阶段之前，他的心理状态已然错乱，好胜心、名利心、自卑感与害怕观众嘲笑等心态搅在一起，使他心乱如麻。后来，他自白道：

　　我深陷绝望。"竟以为自个儿是斗牛士，这是哪儿来的怪想法？太可笑了，不过是自我欺骗罢了。以为不靠长矛，徒手斗过一两回牛，便以为自己无所不能，那只是侥幸而已。"

　　不过，贝尔蒙特还是从绝望中醒过寐来，站在疯狂的公牛面前。他感到某种从未察觉过的东西涌上心头，他完全清醒了。

　　他意识到，那种东西，沉睡在无意识的深处，不时会在梦中遭遇，但从未在白天浮现。当他为绝望感所迫，从心理上被逼到悬崖边上之时，终于抛却身心的羁绊，毅然决然地一跃而下。结果，"我是如此陶醉，陶醉到忘我，竟全然没有意识到受伤的腿"。事实上，他所忘掉的，不仅仅是自己受伤之事，还有环境中的一切。"不动智"成了他的引导，他是把身心都交了出去。镰仓时代著名的禅师歌道：

> 弓折矢已尽。
> 大难临头何足惧，
> 向敌奋力射。

神弓无弦，从神弓上射出的无杆之箭却可穿石，正如在远东历史上曾发生过的那样。

与禅宗同样，所有艺术门类，历经磨难被认为是触及一切创造性艺术作品之根源的重要路径。关于这一点，我希望日后有机会在自己关于禅学的其他著述中，专门从宗教哲学的角度详加论证。

四

神阴流发轫于足利时代，在16世纪下半期走向繁盛，是日本封建时代最流行的剑道流派。其创立者上泉伊势守宣称，他的剑技得自鹿岛之神的真传。从那以后，神阴流经过若干阶段的发展，秘传的典籍积少成多，已卷帙可观。当初，上泉伊势守对那些被认为可资教化的优秀弟子，会私授秘籍。而那些秘籍流传至今，成了古文书。这批文书从表面上看，似乎与剑道无甚联系，是一些只言片语和像诗一样的警句，但禅味十足。

譬如，在授予本教派具有师匠资格的传人的最终卒业证书上，只画了一圆相[1]。令人想到微尘不染、照亮世界的明镜，显然是佛教中大圆镜智的哲学，即前文所引述的泽庵的"不动智"。剑士之心，须远离利己的情感和理性的计算，"本来直觉"才可发挥到极致——此乃所谓无心状态。徒熟练掌握

---

1 圆相：指禅僧用墨一笔画出的圆圈，亦称一圆相，象征无限的大空。"无始无终，无欠无余"，也是对实在和圆满的表现。

用剑技巧，并不意味着剑士有足够充分的资格。他须对精神修行的最终阶段保持觉悟，到达以圆空为象征的无心之境。

在神阴流剑术秘籍的目录中，有个句子"西江之水"，与那些高踏的专门术语混搭，乍看上去，字义与剑技全无关联。因此类秘传都是口口相传，加上我自己是一介门外汉，对这种特殊的表达，究竟在实际的剑法中是何种含义，殊难臆测。根据我的判断，这句话应出自某一篇禅文学作品，离了禅，便难解其意。对此，秘籍的注释者解释为"不辞饮干大河之水的勇猛的心"，显然并没有理解此话的真意，颇可笑。其实，原典出自唐代马祖（？—788）和弟子庞居士的问答。

庞居士问："不与万法为侣者，何许人也？"

马祖答道："待汝一口吸尽西江水，即向汝道。"

据说，听罢此言，庞居士顿时开悟。[1]

我们心里若装着这件事，便能理解"西江之水"这句看似与剑道无关的话，何以被写入剑道秘籍。庞居士所问事关重大，马祖的回答也意味隽永，以至于在禅修中，该公案屡被引用。封建时代，为到达剑技上所谓绝对无心之境，不惜将一生奉献给禅修的剑士所在多有。在其他地方，我也曾谈过，生命攸关之际仍纠结于生死，是走向胜利的最大障碍。

1　出自《碧岩集》。——英文初版注

从秘籍的目录中，我们还看到一些写成了格言警句的和歌，内容多关涉剑道奥义，其中数首有对禅的精神的投射：

脱离思虑与情感，
灵魂自由无比坚，
纵使猛虎之力爪，
休想攫走从吾身。

松树在山冈，
深谷之橡树，
一样风吹过，
音色却不同。

云为击而击，
殊不知击而非击，[1]
杀亦非杀也。

无念亦无想，
浩渺之大空。

1　语出自美国思想家爱默生（Ralph Waldo Emerson，1803—1882）的《梵天》（*Brahma*）：杀人者思杀，/被杀者思被杀，/他们皆不知我的妙法，/持存，流经，继而复返。//远去者或遗忘者离我非远，/阴影和阳光同一，/消失的诸神在我身显现，/荣耻于我为一体。——英文初版注（诗歌翻译参照豆瓣用户"浦岛三友"的译文，细微改动已征得同意）

偶有物在动，
一往直向前。

眼眸虽可见，
手却不能攫，
水中映明月，
我派之秘诀。

云彩和雾霭，
撒满天空瞬万变，
其上日月永。

早在战斗开始前，
胜利便已归于他。
安住太源无心境，
心中无我大自在。

　　一见便知，这些和歌与"空"原理接近。后者是宫本武藏传授的剑道奥义，是只有经过经年磨炼，才能抵达的境界。剑道之所以被视为一种创造性的技艺，亦在于这种砥砺精神的主张。宫泽武藏不仅是剑圣，作为山水画家，同样堪称伟大。

五

　　著有《剑道及剑道史》一书的高野弘正尝言，在剑道中，除技术之外顶要紧之事，就是自如地驱动这种技术的精神性要素，即"无念""无想"的心境。当然，这并不等于说当你手握利剑站在敌手面前时，不带任何思想、观念和情感。而是说任凭那斩断思想、反省和眷恋的意识来激活、调动人天生的能力。这种心境，叫作"无我"，是一种摒除了利己心、不在意自身得失的状态。在西行、芭蕉的艺术中，占支配地位的空寂、余情等观念也源于此。不妨以映月之水作一类比：月亮也好，水也好，都没有，也不可能有创造"水中月"意象的预设。水和月一样，都处于"无心"的状态。但只要有一泓水，月自会映在其中。月亮虽然是唯一的，但有水处，都会照出月影。明白这个道理，剑术才能臻于化境。从根本上说，在以超越生死二元论为目的这一点上，禅与剑道高度一致。自古以来，剑匠们就认识到这一点，伟大的剑士皆曾出入禅门，几无例外，从柳生但马守、泽庵，到宫本武藏、春山，便是例证。

在《剑道及剑道史》中，高野还教给我们不少知识，饶有趣味。如在封建时代的日本，传授剑枪之术的师匠，被称为"和尚"。这种习俗若是追根溯源的话，可溯及奈良兴福寺的一位伟大的僧侣。那僧从属于兴福寺管辖下的一所小寺庙宝藏院，善于舞剑弄枪，以至于宝藏院的众僧纷纷跟他学艺。对弟子们来说，他当然是"和尚"。如此，这个称呼不胫而走，对刀枪两道的师匠，概以"和尚"称之。

锻炼剑道的大厅，也称为道场。道场一般指宗教修行的场所，其梵文"bodhimandala"的原意，是"悟之地"。

剑士从禅僧那里还继承了一件事，那就是行脚，剑士们称为"武者修业"。过去，剑士为了修成技艺，不惜在全国行旅，遍尝种种艰辛，在各地师匠的门下修行——这种修业范式，即源自禅僧。昔禅僧为到达大彻大悟之境，同样经历过这一番事功。

这种剑士间的习俗究竟源于何时，已不可考。不过，据说当时神阴流的创立者上泉伊势守确曾在日本全国行脚，且基于某种机缘，邂逅了一名云水僧。一天，上泉伊势守路过一个偏僻的荒村，见村人乱作一团。原来，是一个破罐破摔的逃犯，绑架了村人的孩子之后，遁入一户人家，并扬言如果村人抓捕他或加害于他，他就会"撕票"。伊势守感到了事态的严重。就在这当儿，一个出家人打眼前走过，一看就是那种云游僧。遂上前去，问出家人借了僧袍，穿在自个儿身上，又让人剃了头，看上去像个真和尚。然后，他带了两份便当，向出事的人家走去。伊势守对逃犯说，孩子的家长不忍见孩子被活活饿死，托俺给孩子带点儿吃的来。说着，便把一只便当盒递到凶犯面前。接着，伊势守又说道："估摸着你也饿了吧。俺也给你带了一个便当来。"正当那家伙伸出一只手来接便当的时候，说时迟那时快，佯装成僧人的剑士一把抓住凶犯的胳膊，用力往地上一掼，便将其制服。出家人对伊势守赞不绝口："您不愧是参透了剑刃上句的人。"说着，便把随身佩戴的挂络[1]赠给了伊势守。而挂络，正是禅僧的象征物。那位云游僧显然非等闲之辈，对禅有相当的领悟。所谓"剑刃上句"，是禅者话语，特指那些饱经风霜、超越生死的禅僧。也难怪伊势守对云游僧的赠物如此珍视——据说，他后来终生佩戴挂络，须臾不离身。

---

1 禅僧平时挂在胸前的方形简易袈裟。——日译注

第五章

禅与儒教

禅反对一切学问，主张"不立文字"，可在日本，却偏偏成了推动儒教研究、促进印刷术发展的动因，这一点乍看上去相当吊诡，甚至不无反讽。不仅如此，禅僧们在佛教典籍之外，还印制了大量儒教和神道教文献。人们通常会认为，镰仓、室町时代（1192—1333—1573）是日本历史上的暗黑时代，可事实并非如此。禅僧将中国文化带到日本，从而为日后中日两种文化融合奠定基础，正是在那个时期。而且，后来被看作"日本范儿"的文化现象，也是在那个时期孵化成形，如俳句、能乐、戏剧、园林、插花、茶道等。在这一章中，拟对禅僧影响之下日本儒学的发展历程做一番阐述。不过，在那之前，首先应谈一下中国宋代理学。

　　从政治上看，宋朝（960—1279）诚可谓多灾多难的朝代："中华"的存在始终受到北方异族的威胁，乃至政权渡淮河南下。1127年，中原沦于北方民族的统治之下。继而，1279年，南宋也亡于蒙古人的入侵，元的势力终于覆盖中国全土。不过，在思想文化领域，南北宋——特别是南宋，却留下了辉煌的业绩，哲学在南方的发展尤其惊人。何以如此呢？有种观点认为，自汉以降，中国本土的思想冲动一直受到强力的印度思想的抑制，到了这个时期，尽管仍处于夷狄政治势力的压迫之下，却一气爆发，结果带来了中国哲学的勃兴：所有的思想倾向皆是在中国人思维模式的基础上，融合中国本土与外来思想而形成的一整套程式化体系。可以说，宋学是中国人心智的精粹。

中国人的思维之所以能在这一时期开花结果，禅宗教义是一个重要因素，禅宗是催化剂，给中国思想以切实的刺激。而且，这种刺激之所以有效，除了不间断性之外，还在于其完全无视意识形态，直抵事物的本质。与之相对，儒教则日益沦为单纯的礼仪之学和世俗的道德实践，成了一种"我注六经、六经注我"式的学问，不复是创造性思考的源泉，甚至可以说濒临瓦解，走向死灭，而肌体复苏则有待新生力量。另一方面，被认为与儒教相拮抗的道教，则深陷世俗迷信的泥潭，无力自拔，已丧失为儒学输血的理性活力。禅则不同：若不是在唐代，中国人的世道人心被它狠狠地搅动了一把，那么宋人怕是不会带着新的兴趣，重新审视、改造和发展自己的哲学。几乎所有的宋代思想家，在其学术生涯中，或长或短，都曾出入禅门。而不论他们在禅寺中有多少参悟，深耶浅耶，当他们走出禅寺后，都会不约而同地重新反思自己生于斯、长于斯的那套哲学，宋学便是他们精神冒险的产物。

在抨击佛教与佛教徒式思维的同时，他们通过禅这种更易吸收的形式，畅饮送到嘴边的印度之甘露。

同样，禅僧也是儒教的学徒，那是因为作为中国人，他们别无选择。儒学者与禅师的唯一差别，是前者以自己国家的思想体系为哲学基础，而后者则固守佛教的体系，只不过用儒学的语汇来传达自身的体验而已。儒禅两大系统的差异，在于其着力点不同。说起来，禅僧往往倾向于对儒教原典做印度式的读解，带有某种理想主义色彩。同时，又常以儒教的观点来阐释佛经，且乐此不疲。

中国禅僧渡日，带来了禅儒二学，与那些为学禅而到中国去的日本僧人如出一辙。后者学成归国时，行囊中除了禅修用书，还装满了儒学和道家的书籍。他们跟随那些禅儒兼修的师匠，既学禅，也学儒教。这类传道者，在宋朝，特别是南宋，所在多有。

在此，我无意就中国的禅与儒教、禅与道教的关系问题做过多展开，只说明一点：事实上，禅是对以佛教为代表的印度思想的一种中国式回应。我们也发现，发展于唐代，并在宋代盛极一时的禅，确实反映了中国人的心理倾向，意思是说禅已蜕掉了印度思想的壳，变得极其看重实用性，且关注伦理。从这点上说，禅带上儒教色彩，是有充分理由的：在禅宗史初期，其赖以支撑的哲学还是印度式的，透着佛教范儿，与传统儒教的教义并无丝毫共通项。后来的儒学者，却有意无意地把这些印度要素植入自己的思想体系中。换句话说，禅从儒教中习得了实用性。儒教又通过禅学说，间接吸收了印度的抽象思维方式，结果成功地为孔子一派学说奠定了形而上学的基础。为此，宋代哲学家极力强调"四书"在儒学研究中的重要性。他们不惜从"四书"中寻找论据，然后精准地打造成自己的思想体系，从而顺理成章地为禅宗与儒教的调和开辟了道路。

就这样，禅僧在佛教徒之外，也扮演了儒教鼓吹者的角色。严格说来，禅并没有自己的哲学。禅注重直觉体验，而这种体验中所包含的理性内容可由任何思想体系提供，并不限于佛教。

禅师在阐释某种道理时，不一定遵循传统的解释，尽可以随心所欲，建造自己的一套解释框架。禅徒们可以是儒教徒，有时是道教徒，时而又变身为神道家。禅的经验甚至可以用西洋哲学来阐释。

在14、15世纪的京都，五山[1]禅寺不仅发行禅书，也是儒学书籍的发行所。这些早期的儒佛典籍，连同13世纪的文献，现在仍可寻到。作为远东地区的木活版印刷物，评价甚高。

禅僧们不仅致力于儒佛经典的编订印制，而且编纂面向民众的普及读物。当时，庶民们常麇集于禅寺中学习文化知

1　京都五山：京都境内五座佛教临济宗寺庙的并称，分别为天龙寺、相国寺、建仁寺、东福寺、万寿寺。

识，禅僧们便用普及版来教他们，"寺子屋"[1]的说法遂流行开来。寺子屋制度是封建时代唯一的普通教育体系，直到1868年明治维新之后，才为现代教育体制所取代。

禅僧的活动不仅仅局限于日本中部，各地方的大名也会招聘禅僧，以教育其家臣。那些禅僧往往儒佛兼通，著名的例子有被萨摩藩招聘的禅僧桂庵（1427—1508），他擅长根据朱子注来解读"四书"。作为禅僧，他自然不会忘记与儒教挂钩，来阐释禅宗教义。他以心性研究为修行的指导精神，还讲授"五经"之一、以中国古代统治者的伦理敕令为主要内容的《春秋》。桂庵对萨摩的精神影响相当长久。有一位后世的弟子，叫岛津日新斋（1492—1568），声名卓著，虽无缘亲炙桂庵的教诲，但其母和老师都对桂庵知之甚深，一族上下都非常崇敬这位学僧。日新斋既为岛津家族的一员，其长子日后又成了宗家的继承者,统治萨摩、大隅、日向三国。因了这个儿子，日新斋的道德辐射波及整个领地，直到明治维新之前，他始终是领地人民心中最伟大的人物。

以梦窗国师（1275—1351）、玄慧（1269—1350）、虎关师炼（1278—1346）、中岩圆月（1300—1375）、义堂周信（1325—1388）等人为代表的五山禅师，都在禅宗精神的指引下，致力于儒教的研究。皇室、将军也纷纷效仿，他们既是热心的禅徒，同时也听儒学的讲义。花园天皇（1308—

1　寺子屋：僧侣、武士、神官、医者或浪人在寺庙中，以庶民子弟为对象，传授读、写、算盘等基本技能，后发展成江户时代面向庶民的基础教育体系。

1318年在位）将自己的行宫赐予关山国师（1277—1360），国师则以之为基地，开妙心寺，终坐成洛西花园临济禅的重要一派。天皇不仅认真地学习宋学，还热衷于参禅，其倾心投入已然不是玩票。他赐予皇储的遗戒很有名，也充分彰显了睿智。在妙心斋，天皇在世时常冥想静坐的一室，至今保存着天皇身披僧衣、端然结跏趺坐的遗像。他的《御日记》也成了重要的史料。

在此，应附记一笔：江户时代早期，即17世纪初叶，儒学者须剃发，像僧侣一样。透过这一事实，我们亦可推测，儒教研究确曾在僧侣阶层，特别是在禅僧中间持续推进，以至于该研究后来从佛禅中独立，在知识分子圈内开始流行之后，那些传授儒学的老师们仍在沿用剃发的旧习。

结合本章内容，我还想略谈一下在镰仓、室町时代，禅对国民精神的涵养所起的作用。从理论上说，禅宗与国族主义并无交集。只要是宗教，一定被赋予了普适性的使命，而不会局限于特定的国民性。不过，历史地看，它确实又受到偶发事件和某些特殊性的影响。在禅甫进入日本的时期，因与之亲密接触者净是那些饱受儒教和爱国精神熏陶的分子，染上那种色彩自不待言。也就是说，禅在日本并不是孤立存在的，日本人一天也不曾以无关其他物象的"纯粹"形式来接受它。不仅如此，日本的参禅者将附丽于禅的附带物也照单全收。只是到后来，那些附于其上的从属物脱离本体而"独行"，使原本亲密的关系，看上去带有某种敌意。阐述日本思想史的这个过程，超出了本书既定的学术框架。但我想指出的是，只消对这种思想轨迹稍加追踪，便可追溯到中国的思想运动。

如我在其他地方所述，中华民族理性的发展到南宋，朱子学（创立者朱熹，1130—1200）盛极一时，已达顶峰。朱熹循着一条国民心理主线，构筑了中国思想的完整体系，堪称中国最伟大的思想家。尽管中国不乏比他更出彩的思想家，但他们的思想往往追随印度人的思维，背离了中国本来的思考方式。因此，那些哲学家对中国的影响远不如南宋哲学家来得直接。但反过来说，如果没有那些佛教思想的先驱，便没有南宋哲学，倒也是不争的事实。对我们来说，须弄清理学在宋代走向兴盛的原因，因为这有助于理解禅何以会对日本人的思想、情感产生如此之大的影响。

中国思想有两大源流：一儒一道（这里的道，指没有与民众信仰、迷信捆绑的纯道教）。儒教代表了中国人心理中实践性和积极进取的一面，而道教则代表了神秘与思辨的倾向。佛教在东汉初期（64）进入中国时，被认为与老庄思想颇有相通之处。一开始，佛教在中国思想界并不十分活跃，原因是佛教原典翻译成中文极费周章，且中国人显然还没有摸索出把佛教吸纳到自己思想信仰体系中去的方法。可是，随着佛典翻译工程的进展，他们终于悟出了佛教哲学的深远、宏大。2世纪，在《金刚般若波罗蜜经》译成中文后，思想家们受其震动，开始认真地致力于经文的研究。虽然他们尚无从把握"空"的观念的确切含义，却直觉其与老子"无"的思想庶几近之。

进入六朝时代（222—589），道教研究勃兴，人们开始以道教的观点来解释儒教原典。401年，鸠摩罗什从西域进入中国，他不仅是杰出的翻译家，而且是一位伟大的、深具独创性的思想家，迻译了大乘佛教的诸种经文。正因了鸠摩罗什智慧的烛照，他的弟子们得以用最契合中国民族文化心理的方式，不懈地发展其导师的思想。吉藏（嘉祥大师，549—623）在中国创立了三论派，其哲学以龙树的教义为基础，不愧是在孔子、老子的国度最初兴起的了不起的思想体系。这一派著述深受印度哲学的影响，吉藏虽然是不折不扣的中国佛教徒，也是佛教学者，但其思维方式却是印度式的，而不是中国式的。也就是说，他是作为佛教徒来思考，而不是作为中国人来思考的。意思是说，他的思考中仍有很多印度式的东西，不能算是典型的中国人。

继承三论派衣钵者，是隋、唐两个朝代的天台宗、华严宗和唯识宗。天台本着《法华经》，华严以《华严经》为本，唯识则以无着和天亲的唯心主义学说为依据。其中，华严哲学代表了中国佛教精神所到达的宗教思辨的最高水准，可以说是中国佛教思想的巅峰，也是到目前为止，东方人发展出来的最值得瞩目的思想体系。《华严经》中也包括《十地经》及《入法界品》，无疑代表了印度人创造力、想象力的极致，其所包含的思想、情感，对中国人来说，明显带有异域色彩。

能将那些出自迥异于自我想象力的印度式智慧统统"拿来"，且消化、吸收得如此彻底，以杜顺、智俨为代表的中国佛教徒的智性确实了不起。历经几个世纪的磨砺与省思，中国本土的宗教意识终于确立，华严哲学则证明了这种意识的深度。华严宗唤醒了沉睡中的中国思辨精神，给予其巨大刺激，并直接导致了宋学的繁荣。

华严宗逐步发展，终于成为代表中国佛教徒最高智慧的宗教哲学。与之相并行，另一个派别则更有力地把握了世道人心，势力悄然壮大，那就是禅宗。禅可部分满足中国人心理中实证的癖好，另一部分则诉诸神秘观念，它轻视文字知识，推崇对事象的直觉把握——禅修者们深信，只有那样，才是把握事物终极本质的最有效手段。事实上，经验主义、神秘主义和实证主义很容易携手同行。因为，三者均热衷于追求经验事实，而不屑于在事实的周边建构知识框架。

可是，人毕竟是社会性动物，对单纯的经验难以满足，总有一种想要向同伴传达自身体验的冲动。结果就是直觉不止于直观，而是伴随着观念和知识的再构成。禅为保持对物象的直觉式理解不遗余力，不仅用比喻、表象等手段，甚至诉诸诗的表达。

不过，当禅不得不求助于理智时，便与华严哲学走到了一起。当然，禅与华严哲学的这种"合金作用"并非刻意而为，只因身兼华严宗和禅宗"双料学者"的澄观（738—839）与宗密（780—841）的参与而变得备受关注。正是二者的合流，才使禅对宋代学者的儒教思想产生了莫大影响。

因此，可以说旨在勃兴理学的准备工作，早在唐代就已经就绪。说白了，即在中华民族文化心理的大坩埚里，把华严、禅宗、孔子、老子诸学说一勺烩，烹制而成的中国味道中之最宝贵者，就是理学。

在朱熹之前，已辈出过几位学术先驱，如周敦颐（1017—1073）、张横渠（1020—1077）、程明道（1032—1085）与程伊川（1033—1107）兄弟等，他们均试图在作为中国心理基础的"四书"（《论语》《孟子》《大学》《中庸》）和《易经》之上，建构自己的哲学。同时，他们也钻研禅学，并以之来助力自己的学说。对他们来说，多亏有了禅。因为他们始终坚信一种意义深远的事实，即当他们埋头于古典研究，并深思文本中微言大义的时候，顿悟会不期而至。在他们的宇宙生成论和本体论中，无极、太极、太虚是太初的元素。那些语汇均出自《易经》和《老子》，只有"太虚"说，带有佛教的意味。所谓太虚原理，翻译成伦理学术语的话，是诚实，因为理学家们相信，人生理想在于涵养"诚"之德。诚实亦称"理"或"天理"，世界因"诚"才存在如实，源于太极的阴阳二气才能相互交感，使万物运行如常。

在理学中，"理"与"气"是相对的概念。然而这种对立，却在"太极"，也就是"无极"中被统一起来。"理"贯穿万物，遍布于每一个个体。没有"理"，一切都将不可能，存在会变成非实在。"气"起到分化的作用，理通过气不断分裂，从而呈现一个多样化的世界——理和气，就是这样相互渗透、相互补充。

太极同理、气的关系，则不甚明了。一般认为，太极是理、气二者的结合。不过，理学由于受到华严哲学的影响，似乎不愿止步于二元论。太极说本身，是一种颇暧昧的观念，某种看上去像是万元初始的状态，便称为无极。当太极成为无极时，一个在"物质以上"，一个在"物质以下"。于是问题来了："以上"之物何以转换为"以下"之物（反之亦然）呢？似没人说得清。同样的困境，亦存在于理与气之中。对此，佛教徒断然否定世界的客观性，认为万物皆"空"。而理学家们作为道地世俗的中国人，在这点上，无意追随佛教徒。中国精神一贯主张世界是特殊的存在，即使在与华严哲学最接近的时候，也未敢越过世界的物质性而向前跨出一步。

朱子学中真正具有深意者，是其历史观，客观上也的确以最实用的方式，对中日两国产生过重大影响。说起来，这种史观应该是从贯穿于《春秋》中的观念发展而来。当初，孔子编订这部伟大古典的初衷，是为了在道德天平上衡量战国时代各国诸侯的主张。彼时，中国分成好几个诸侯国，彼此征伐，都想称霸，篡位者均宣称自己继承了王权的正朔。于是，政策失去了方向，成了统治者随心所欲乱支着儿的牺牲。为使国家将来的统治者能有一套普适性的伦理准则，孔子编纂了这部编年史。如此，《春秋》成了一部以历史事件为线索的实用性伦理法典。

朱熹效法孔子，将司马光的煌煌巨著改写为一部简明扼要的中国史[1]。在书中，他主张以"名分"这个礼义原则，作为通行于所有时代的政治哲学。宇宙受天地诸法则的支配，人事亦如此。这些法则要求我们每一个人恪守使命。人既有"名"，在社会上占据一定的地位和资源，须尽其应尽之"分"。即作为特定社会集团的一员，在指定的场所，扮演自己的角色。这种社会关系网，对每一个身在其中的成员来说，是维系、增进安定与福祉的保障，不容无视。统治者有统治者的本分，臣子有臣子的职责，父母与儿女之间也有明确约定的义务。总之，在名、位、分的问题上，不容丝毫的妨碍与僭越。

朱子之所以擎出"名分"说并如此强调，是因为他看到北方入侵者威胁南宋政权，在如何御敌的问题上，政府的高官显宦们摇摆不定，有人甚至提出与侵略者谈判的妥协之策，眼前上演的一幕幕活剧，使他的爱国心和民族精神受到极大的刺激。于是，他甘冒大不韪，拼死捍卫自己的硬派主张，反对那些主张向北方异族压迫低头的政客。尽管他的哲学并不能使南宋免于被蒙古势力奴役的命运，却在中国和封建时代的日本赢得了广泛的赞誉。

朱子学之所以能如此强烈地诉诸中国人的心灵，并在其后历朝历代稳居官学思想体系的中心，主要有两个原因：一是其学术框架涵盖了中国文化发展过程中一切有代表性的正

1　即《资治通鉴纲目》，也称《朱子纲目》。记事起自周威烈王二十三年（前403），迄于后周世宗显德六年（959），全五十九卷。

统思想，且因了朱子学，那些思想趋于成熟，可满足中国人思维和感知方式的所有条件；另一个原因，朱子学的确是最契合中国人心理的思想，是"秩序的哲学"，无疑会受到人们的追捧。当然，在充满爱国心与民族自豪感这点上，中国人与其他民族是一样的，但相对而言，他们比较重实际甚于情感，重实证主义多于理想主义，脚踏实地而不空蹈。既然星汉如此璀璨，他们自然也会仰望星空。但同时，他们须臾不曾忘记若离开生养自己的土地，便一天也活不下去的道理。因此，与朱熹的理想主义和情感主义面向相比，他们更易受到朱子学社会秩序论和功利哲学的吸引。这一点，也许是中国人与日本人的不同。

程明道的一席话，道破了中国人的心性：

> 道之不明，异端害之也。昔之害近而易知，今之害深而难辨。昔之惑人也乘其迷暗，今之惑人也因其高明。自谓之穷神知化，而不足以开物成务，言为无不周遍，实则外于伦理，穷深极微，而不可以入尧、舜之道。[1]

此处所谓的"异端"，指佛教思想。在宋学家看来，佛教的学问过于高迈，不接地气，难以为急功近利的百姓所接受。

1　出自《鸣道集说》。——英文初版注

宋学的这种实用性，与禅同船来到日本。除此之外，被一起舶来的，还有深受朱子尚武精神渗透的国族主义。

南宋后期，有许多爱国军人、政治家，甚至僧侣，率先挺身，抵御外敌。可以说，国族精神影响了整个社会的知识阶层。当时来到宋朝的日本僧侣，也汲取了这种由朱熹奠定底色的精气神和哲学，并将其带回了日本。不仅是日本人，一些从南宋渡日卜居的中国人，也带来了禅和宋学者的事迹。至此，在日本形成了一股推动国族主义哲学发展的合力。其中一个显例，就是后醍醐天皇的朝廷做出了从镰仓幕府手中夺回政权的划时代决断。这场"王政复辟"的运动之所以会发生，据说是天皇与廷臣一起研究朱子学，并受到启发的结果。而且，研究本身也是在禅僧的指导下进行的。据历史学家的考证，北畠亲房的《神皇正统记》也是朱子学研究的成果之一。亲房是后醍醐天皇廷中的一位杰出文臣，也是参禅者。

不幸的是，后醍醐天皇及其朝廷发动的复辟皇权运动陷入败局，并导致后来的政治变局。不过，这并不意味着儒学在日本知识界走向了衰退，在五山及各地禅僧的协同努力下，儒学研究依然很活跃。室町时代，朱子学作为儒教的正统理论，获得了广泛的社会认同，禅僧们也以远超出对一般学术的热情，投身于儒学研究。他们深知什么地方需要禅，而理学在哪些问题上最具实效。就这样，他们成了理学的御用宣传者，其影响力从中央京都，一直波及到偏远地方。

理学经朱熹之手而体系化。但对理学和禅，禅僧们一向是区分对待的，到德川时代，如此倾向便成了划分佛教与儒学各自势力范围的重要力量。实际上，朱熹哲学中的实用理性精神，虽然是对中国式思维和情感方式的鼓吹，但对德川幕府的统治者来说，却是求之不得的。经过长年的战乱，百废待兴，他们迫切地想在全国恢复秩序与和平。而为了达成这一政治目的，中国的学说不失为绝好的道具。藤原惺窝和林罗山是最早用朱熹的训注讲解朱子学的御用学者。惺窝原本是禅僧，因酷爱儒学而脱去僧袍，尽管在还俗之后，他仍保持剃发的习惯，看上去像个秃头和尚。在惺窝和罗山之后，儒教研究虽得以持续，可禅僧们似乎只满足于自己的教义。不过，我们也不应忘记一个事实，那就是自理学引进日本之日起，便一直有人主张儒学、佛学和神道三教合一。如此状况，在中国亦大同小异。日本思想史上有个值得注意的现象：虽然神道教被认为体现了国民精神，且得到了政治权力的承认，可它却从来不曾宣称自己的教义独立于儒佛二教。这是因为神道本来就没有自己的哲学，它接触儒佛之后，其存在意识才被唤醒，才学会自我表达。本居宣长（1730—1801）及其门徒，曾猛批儒教是外来学说，不合日本人的生活方式与情感。不过，他们那种爱国的保守主义姿态，与其说是出于哲学上的理由，毋宁说是源自政治上的动机。他们固然对推动明治维新做出过突出的贡献，但从纯粹哲学的角度看，其宗教国族主义辩证法到底有多大的普适性，确实是一个问题。

第六章

禅与茶道

一

　　禅与茶道的相通之处，在于都追求事物的纯化，摒除不必要的繁文缛节。这一点，在禅那里，体现为以直觉来把握事物的终极本真；而在茶道，则表现为一种生活艺术，即把在茶室吃茶这种类型化的享乐方式，扩大到日常生活中。茶道之美，原始、单纯而洗练。人们置身于茅草屋檐下，在虽然狭小逼仄，但在空间结构和陈设上却极富禅意的蜗居中盘坐，不为别的，是为了接近与自然亲密接触的理想。禅的目标，是要剥掉人类因妄尊自大而制造的一切自我包装。禅之所以与理性相拮抗，是因为理性尽管有其实用价值，却对我们深层的自我发现、自我开掘构成了阻碍。哲学尽可提出问题并给定解决方案，却未必能使我们的精神真正得到满足。任何人都需要寻求精神的安宁，无论其理智是否健全。可哲学之路只对那些有特殊禀赋的人开放，非普通人的选项。而禅——或泛言之，所有宗教，都是教人舍弃他本以为自己拥有的一切事物，甚至包括生命，而回到最后的存在状态，即"本住地"，或"未被父母创造之前的本来面目"。这种回归，对我们每个人都是可行的。而正因了这种返璞归真，我们才成就了现在的肉身，而没有化作"空"。这可以说是最终的纯化，因为已经不可能将事物还原到比这更单纯的状态。在茶道中，这种意象是以古松荫下一间小茅屋为象征的。而这种原型一旦以象征化的形式确立，便可对其进行艺术加工。当然，作为艺术处理的指导原则，是必须与激发原型的原始艺术观念保持一致，即去除冗余物。

早在镰仓时代以前，茶便已为日本人所知。不过其广泛传播，还是拜荣西禅师（1131—1215）之所赐：他从中国带回茶树种，在禅寺的庭园中尝试栽培。禅师还写了一本书《吃茶养生记》，记录自家栽培的茶的做法。适逢当时的将军源实朝（1192—1219）生病，禅师便把自己的书并茶叶一起献给了将军。荣西可以说是日本茶树栽培之祖。他认为茶有药效，能治疗多种疾病。茶自有其做法，在禅院中，以茶待客，有时也会请寺中的僧人一起吃茶。荣西在中国时，一定在禅寺中见识过吃茶的做法，但他并没有特意向日本人传授这件事。将茶的礼仪带到日本者，是比荣西晚大约半个世纪的大应国师（1235—1309）。大应之后，又有几位中国禅僧来到日本，担任茶道老师。后声名卓著的大德寺和尚一休（1394—1481）向弟子珠光（1422—1502）传授茶的技法。村田珠光作为天赋异禀的艺术家，将学到的技艺进一步阐发，并成功融入日本趣味，独创了日本茶道，他还向当世的将军，也是艺术的大赞助者足利义政（1435—1490）传艺。后来，在珠光的基础上，绍鸥（1503—1555）和千利休——特别是千利休，又加以改良，使之定型化。今天的"茶道"——英文写作"tea-ceremony"或"tea-cult"——包含两个层面：与寻常巷陌中流行的做法不同，禅寺中的茶道，至今仍本着正统的礼仪做法，独立于坊间，奉行如初。

我在思考茶道问题时，屡屡想到茶与佛教生活的关联，而后者本身就包含茶的某些特质。茶令人心爽神怡，却不至于醉人。它的一些特质，得到学人僧侣的鉴赏、品味，是再自然不过的事。茶最初由禅僧介绍到日本，且在佛教寺庙中成为普通的饮品，也是这个缘故。如果说茶是佛教象征的话，那么，葡萄酒则代表基督教。基督徒一般都善饮葡萄酒，在教会中，还用它来象征基督的宝血。基督教学者说，那是救世主为罪孽深重的人类流的血。很多中世纪的修道院中都有酒窖，大约也是出于这个理由。我们时不时还会从绘画中看到，一群肠肥脑满的修道士围着一只大酒桶举杯痛饮的场景。葡萄酒起先会使人感到亢奋，如不加节制的话，人便会酩酊失态。在很多方面，酒与茶恰成对比；而这种对比同样也是佛教与基督教关系的折射。

于是我们看到，茶道与禅之密切相关，不仅在茶道的发展过程中，在对贯穿于其程式中的精神的遵从上，亦如此。这种精神，如行诸情感的表现，即"和""敬""清""寂"。四种要素对首尾相衔、一气呵成的茶道仪式来说，缺一不可，有如亲兄弟，构成了有序生活的核心。何谓"有序生活"？不是别的，正是禅寺中的生活。禅僧日常待人接物，中规中矩，进退有度，举手投足无不彰显礼仪之美，用曾探访禅刹定林寺的宋代儒学家程明道的话说，是古之"三代威仪，尽在是矣"[1]。所谓古之三代[2]，是后世历代中国政治家梦寐以求的理想时代，政通人和，国泰民安。时至今日，禅僧们依然在接受蹈袭旧规的修炼，无论是个人还是集体。小笠原派的礼仪，被认为源自一部叫作"百丈[3]清规"的禅寺仪轨。尽管对禅的教义，理应超越形式而直接把握其精髓，但它同时也在提醒我们注意一个事实，即我们生活的世界本身，就是由诸种特殊形态构成，而且只有以形式为媒介，精神才有可能行诸表达。因此，禅一方面反对任何律法，同时又主张严苛的戒律修行。

"调和"（harmony）之"和"，亦可解为"和悦"（gentleness of spirit）的"和"，且后者似乎能更好地凸显支配茶道全套程式背后的精神。调和意味着形式，而和悦则关乎内在的情感。总之，茶室就是要在周围酿造这种"和"的氛围，即和的触感、和的香气、和的光线与和的音响。当你捧起一只碗，你会看到那手工烧制的瓷器，泥胎歪斜，上釉不均，可就是这样一个看上去原始而朴拙的小器皿，却释放出一种特有的美感，令你仿佛置身于和、静、慎俱在的场中。茶室的焚香，绝不会

1　出自宋吴曾《能改斋漫录·记事一》。

2　即夏、商、周三个朝代。

3　百丈（720—814），唐代名僧，也是伟大的禅师。——英文初版注

产生强烈的刺激感，而是暗香浮动，四散弥漫。窗和隔扇，是另一种飘浮于茶室空间的静谧之美的来源。室内光线柔和，令人松弛，催人冥想。"明月苍松旧草庵"，穿过松叶的煦风，与火炉上沸水翻滚的铁壶和鸣……如此，环境中的一切，都反映出创造者茶人的人格。

《十七条宪法》开宗明义道："以和为贵，以不忤为宗。"此宪法系604年，由圣德太子制定。作为太子对臣下的一种道德精神训示，姑且不论其政治意涵，宪法一开始便把"和"的精神置于如此重要的定位，意义确实非同小可。人们好像经过了几个世纪的文明，才察觉到它的存在，可事实上，这才是最早的日本意识。近年来，日本被认为是好战黩武之国，这真是莫大的误读。日本人民对自身的性格，有着清晰的自我认知，他们有理由认为，就整体而言，日本是一个温和的民族。这正与围绕日本列岛的自然环境相仿佛，无论是自然气候，还是气象，都有总体温和的特色。因空气中的水蒸气成分大，山峦、村落、森林都氤氲在湿气中，轮廓线极为柔和。大体说来，日本的花卉并不浓艳夺目，而是有种淡雅的娇媚。春日里，满目草叶清新吐绿，一派生机。这种环境下成长的心灵，感受性强大，必会从环境中吸收养分，是所谓"心之和"。但是，在我们接触社会、政治、经济、民族等种种难题之后，却很容易偏离日本人性格中这一基本美德。我们须捍卫自己的心灵，使它免受污染，而禅可以在这点上帮助我们。

道元（1200—1253）在中国习禅多年，回到日本后，被问及所学内容，他说："无他，惟柔软心尔。"柔软心即善良之心，意味着和的精神。一般来说，人总是因过于利己，而充满反抗之心，太过自我而无法接受事物的本相。反抗意味着摩擦，摩擦又是一切麻烦的根源。只有无我，心才能柔化，才能不反抗外力。当然，这并不一定意味着感知力的缺失。相反，从精神层面来说，基督徒和佛教徒都懂得体味道元所谓"灭我"与"柔软心"的意趣。可以说，茶道之和与圣德太子的训示是同构的；和与柔软心，的确是我们在现世生活的基础。茶道若想实现在小集团中建立净土的目的，须从和出发。为更好地阐发这一点，我们不妨引用泽庵（1573—1645）的话：

泽庵《茶亭记》

茶道以天地中和之气为本，系治世安稳之风俗。今之人，皆以之为待客谈天之媒，佐美食，满足口腹之快，且茶室极尽华美，珍器名品一应俱全，无不秀己之工，笑他人之拙。然凡此种种，实非茶道之本。说起来，竹林荫下，筑一小屋，蓄水铺石，植木种草，置炭火，悬釜生花，饰以茶器。移山川自然之石于一室，坐赏四序变换中雪、月、花之美景，感受草木荣枯之变，以之迎宾礼客，不亦说乎？松风飒飒闻于釜，可忘却世间思虑；取一勺渭水涓涓，可洗去心中尘埃。真乃人间仙境。礼之本为敬，其用以和为贵——此乃孔子之礼用之词，亦茶道之心法。譬如公子贵族来坐，也是君子之交，淡泊如水；即使是晚辈来访，亦待之以诚，并无怠慢。茶室之气，君子和而不流，久而不失其敬。如迦叶微笑，曾子一唯，真如玄妙之理，不可言说耳。是故，从置茶室到备茶器，以至茶艺、筵席、服饰，切忌冗繁、华丽。道具虽旧，心可一新。不忘四季风景，不谄，不贪，不奢，慎而不疏，真挚诚恳，乃茶道之谓也。是则赏天地自然之和气，移山川木石于炉边，五行皆备。汲天地之流，品其至味，尽享乾坤中和之气，如此大快乐，是谓茶道矣。[1]

在日本社会生活中，我们是不是也可以说茶道和禅也为现存的平民精神做出过这样或那样的贡献？封建时代虽然有森严的等级制度，可人心向往自由，平等博爱的观念已悄然存在。在只有四张半榻榻米的茶室中，来自不同阶级的茶客受到对等接待，全无差别。人一旦进入那个封闭空间，所有世俗的羁绊顷刻土崩瓦解，平民与贵族促膝而坐，就共同感兴趣的话题，谈兴甚欢。同样的，禅也不承认世俗差别，禅僧可自由地接近任何阶层，与任何人都能融洽相处。人性中深植着一种渴望，就是抛弃所有社会强加于人的各种羁绊，

1　出自《结绳集》《古今茶话》。——英文初版注

自由自在地敞开心扉，向同类倾吐心声。而这里所谓的"同类"，也包括动物、植物，甚至无生命物。对这种个性解放的机遇，人人内心都充满期盼。泽庵话语中的"赏天地自然之和气"，正是此意，有一种所有天使放歌合唱的祥和喜乐语境。

"敬"，原本是一种宗教情感，当我们发觉还有比我们这种可怜的、必死的物种更高的存在时，便产生了敬。后来，这种情感转移到社会关系中，堕落为一种单纯的形式主义。在现代社会，"敬"的观念开始受到一部分人的质疑，他们从社会的角度出发，认为人人都一样，并没有什么人值得特别尊崇。如果我们捋着这条情感线索，对这种观点做一番寻根溯源式分析的话，便可发现，它其实基于人对自身无价值性的反思，即承认个体在肉体、心智、精神、道德上的有限性。这一自觉还能在我们心中唤醒自我超越之念，激发我们去接触那些与我们自身相对立的事物，而那些事物有各种各样的形态。如此愿望，自然会将我们的精神活动向外部世界引导，可是，当它转向我们自身的时候，便会唤起自我否定、羞惭、谦卑和罪恶等情感。这一切当然都是负面的德行，不过也有其积极的一面，那就是"敬"，即不蔑视他人、把人当人的情感取向。人真是充满矛盾的存在。一方面觉得自己与别人不相上下，另一方面又有种他人都比自个儿强的疑虑——一种颇复杂的自卑感。大乘佛教中有一位常不轻菩萨，从来不轻视他人。当人退缩到自我的小天地中的时候，会滋生某种情感，连待人接物都变得谦卑起来。无论那种感情是什么，从"敬"

中透出一种深刻的宗教关怀。为了在寒夜取暖，禅僧会烧掉寺里的佛像。因为对禅来说，真理就是去除一切看上去花里胡哨的表面虚饰，为真理本身的存在计，即使毁弃包括珍贵遗产在内的所有文献，也在所不惜。而同时，禅也不忘讴歌被狂风蹂躏、沾满泥土的无名草叶，时刻惦记着将那些原生态的野花献给三千世界的佛陀。正因为禅有所轻，才懂得敬的重要。同任何事情一样，禅之所需，唯有心诚，而非单纯的概念化或对物理形态的模仿。

丰臣秀吉作为那个时代茶道最显赫的庇护者，素来仰慕千利休（1522—1591），而后者正是现代茶道的实际开创者。秀吉原本是一个好大喜功、讲排场的人，不过后来，他还是多少理解了利休一派所倡导的茶道精神。在一次茶会上，他甚至献给利休一首和歌：

心无底处所汲，
是谓真茶道也。

秀吉其人，在很多方面粗野蛮横，是个残虐的独裁者。不过，他爱好茶道倒也非虚言，除了有时会用于政治目的，应该说也有些真实纯粹的成分。在这首和歌中，从心泉深处汲水的意象，触及了"敬"的精髓。

而利休则说：

茶道者无他，

　　惟煮水、沏茶，

　　品茗也。

　　一切都简单至极。人生何尝不是如此？出生、吃喝、劳作、睡觉、结婚、生育，最后在一个无人知晓的地方遁形。说起来，世上真没有比人过一辈子更简单的事了。可是，我们当中有几个人能做到无欲无想，不留遗恨，只对神抱有绝对信仰？又有几个人能按自己的本来面目，过上那种只醉心于神祇的生活呢？人活着的时候会想到死，濒死之际又巴望着生。一事未成，诸念涌入，且均无关宏旨，原本应集中于手头工作的精力空空耗散，事倍功半。当你注水于钵中，所注入的不仅仅是水，还混入了其他东西，诸如善恶、纯不纯等念想，既有必须拂拭之污垢，也有除自我深层潜意识之外不能对外流露的种种隐情。若是对沏茶的水加以分析的话，会发现其中含有可扰乱、玷污人的意识的所有杂质、秽物。只有当技艺不再是技艺时，才能臻于完美。而当那种不炫技的完成兑现之时，人心灵深处的诚实会油然而生，这也是茶道中"敬"的意味——敬，是心的诚实与单纯。

　　"清"是构成茶道精神的另一个要素，可以说亦来自日本人心灵的贡献。清，即清洁、整饬。这一点，在关乎茶道的所有事物和场所中，均可领教。在茶室外面的露天茶院，有可供茶客自由使用的清水。即使没有自然流动的清水，身边也一定会备有净手用的石钵，茶室里面更是纤尘不染，自不待言。

茶道的"清"，令人联想到道教之"清"。如果说二者有何相通之处的话，便就在于修炼的目的，都是为了使心远离五官的不洁而获得自由。正如一位茶人所说的那样：

> 茶道之本意，在于清净六根。眼见挂轴、插花，鼻闻焚香，耳听汤音，口品芳茗，手足规正——五根皆净之时，意自清爽，茶室毕竟是清心之所。故我于二六时中，心须臾不离茶道，从未以之为怡情悦兴的消遣。而且，茶器的大小也要与自己的身量相称。[1]

利休还作过一首和歌：

> 曲径通浮世，
> 缘何撒心尘。

在下面这首和歌中，利休描述了从茶室静静远眺时的心境：

1　出自《叶隐》第二卷。——英文初版注

松针落满庭，

任你扫也扫不净，

全然不染尘。

檐下一轮月，

清辉满夜空。

吾心亦澄明，

无愧也无悔。

　　这颗心是如此纯粹，如此沉静，它并不受种种情感的羁绊，能体味绝对的大孤独。

小径通山岩，

深雪没踪迹。

既无客来访，

亦不待何人。

　　《南方录》是茶道最重要的经典，地位近乎神圣。其中有一节论及茶道之目的，说要在俗世实现清净无垢的佛土，而不拘于规模大小，意思是通过少数人的努力和短暂聚会，在茶庭里构筑一个理想社会：

侘之本意，在于表现一个清净无垢的佛陀世界。
凡至茶庭草庵者，应拂却尘芥，主客倾心畅叙，规
矩、寸尺、法式皆不足道，惟起火、烧水、吃茶而已，
岂有他事哉？所谓佛心彰显之所是也。苟拘于礼仪
作法，则堕入种种世间之义，主客以对方之过相讥，
动辄相互指摘。熟悉并了悟个中三昧者，寥寥无几。
若得赵州禅师为主，菩提达摩为客，利休居士与贫
僧则在庭中拾尘的话，堪称"一期一会"者乎？[1]

　　这篇出自利休一位高徒之手的文字，字里行间，充分浸
染了禅的精神。

　　接下来，拟单起一节，就构成茶道第四要素的"侘""寂"
等概念，专门加以阐释。因为，作为茶道最核心的要素，舍
此便无茶道可言了。而且，也只有在这一理念的基础上，禅
与茶才能从更深层结合。

1　出自《南方录·灭后》。——英文初版注

二

作为构成茶道精神的第四要素，我尝试用"tranquillity"（静寂）来描述。不过，这个英文词，也许不能胜任表达汉字"寂"所包含的所有意思。"寂"在日语中念作"さび"（sabi），这个词的含义远比"静寂"来得广。梵文中，对应"寂"的表达是"sānti"，意为"静寂""和平""安稳"。在佛典中，寂还被用来指"死""涅槃"。不过，这个词在茶道中，则接近"匮乏""简化""孤绝"之意，与"わび"（wabi）、"さび"（sabi）是同义词。

要体味"匮乏"的滋味，或者说照事物的本来面目、原汁原味地接受某个事物的话，需静心。不过，仅仅是静心的话，尚不能称作"侘""寂"，因为这两种情感均有明确的客观对象暗示。当人们在心中引发类似"侘"的情境时，一定存在唤起这种情境的对象物。"侘"并非只是对某种特定环境的心理反应，其中包含着明确的美学标准。若是没了这种审美标准的话，那么匮乏就成了单纯的贫困，孤绝便是放逐，或某

132

种反人性、反社会性存在的代名词。在这个意义上，我们倒是可以把"侘""寂"定义为一种基于匮乏的审美趣味。而当那种审美趣味被引申为一种艺术标准的时候，则需要在特定的场域中创造或重构一种环境，以唤醒侘寂之情。用今天的话说，"寂"一般用于个别事物与环境，而"侘"则多用于穷困、匮乏、窘迫的生活状态。

一休的弟子珠光，是足利义政的茶师，常以这个故事来引导弟子体会茶道精神。

某位中国诗人，作过这样一联诗：

前林深雪里，
昨夜数枝开。

当他把此联给友人看时，朋友建议他改"数枝"为"一枝"。诗人听从友人建议，并称他为"梅花一字之师"。深雪覆盖的林中，梅花一枝独放，绝妙地诠释了"侘"的理念。

在另一个场合，珠光还说过这样的话：

观名马于茅舍，一快事也。同样，陋室中惊现奇珍，不亦快哉？

不禁令人想到那句禅语，"破褴衫里盛清风"：虽然外表丝毫不打眼，内容物却与外在完全相反，从各方面来看都是

133

无价之宝，无话可说。其实，这也是所谓"侘"生活的定义：清贫之中，深藏着无以名状的喜悦，静静地释放能量。可以说，茶道正是这种观念的艺术化体现。

可是，茶室中但凡有一丝不真诚的斧凿痕迹，一切将尽毁无遗。那些无法标价的日常器具，须以纯自然的方式"自处"，要像从来不在似的在那儿，像被偶然发现似的，冷不丁地冒将出来。乍进茶室，你觉不出有何特别之处，但会隐约受到某种东西的蛊惑。当你走近些，细加观察，会不期然地发现纯金矿脉，熠熠发光。当然，被人发现也好，无人知晓也好，黄金就是黄金，它就在那儿，是一种恒久存在。它不理会任何偶然性，只是真实地存在，且从来不会失去对自我的真诚。"侘"亦如此，意味着忠实于自己的本性。茶人幽居于无任何冗余虚饰的茶庵，偶有访客，待以茶点，新插一花，然后主客促膝倾谈，共享闲静的午后……这就是真正的茶道。

或许有人会说："在现代社会，有几人能像茶人那般悠闲自得？说什么闲散度日、从容待客，简直是无稽之谈。给我们面包，缩短工时才是正经！"但说句真心话，现代人丧失闲暇久矣。烦闷纠结之心，哪里还有从容享受人生的余裕？人只能为刺激而求刺激，聊以赶走内心一时的郁闷而已。问题的关键，在于生活的目的究竟是为了享受悠闲，追求文化教养的充实，还是为了追求感官的刺激与快乐。当我们在心中拎清了这个问题，必要的时候，便可以对现代生活做全面的结构性批判，然后重启全新的生活。因为人生的目的，绝不是要成为物欲和安逸的奴隶。

江户初期茶人片桐石州（1605—1673）写道：

> 天下侘的根本，在天照大神。以其至高无上之尊，
> 纵住金銮殿，又有谁人敢怨之？然彼居茅草屋，仅
> 享糙米之供，凡事谨慎谦和，从无懈怠，当世之茶人，
> 无出其右者。[1]

把天照大神当作代表"侘"生活的茶人，确实有趣，也表达了茶道的基本审美取向：礼赞朴拙、单纯之美。换言之，茶道其实是对我们内心憧憬的生活之美的表现。因为多数人都渴望在生存许可的范围内，回归自然，与自然融为一体。

通过这样的阐释，我想，读者诸君对"侘"的概念已了然于心。而真正的"侘"生活，可以说是始于利休之孙宗旦。千宗旦认为，侘是茶道的真髓，且代表了佛教徒的道德生活：

> 茶道历来重视"侘"意，并以之为持戒。可是，
> 庸俗之辈对"侘"意的践行，往往流于表面的装点，
> 私底下则"侘"心全无。故才有费黄金以筑茶斋，
> 弃田园以购茶器，以排场炫宾客，并自命风流，如
> 此"侘"意，实乃大谬。"侘"者，物质匮乏，际

1　出自石州流《秘事五条》。——英文初版注

遇不尽如人意，蹭蹬蹉跎之谓也。"侘""傺"二字，见于《离骚》注中，"侘"者立也，"傺"者住也。"侘傺"相连，则表示忧思失意住立而不能前。在《释氏要览》中，还有这样一段话：狮子吼菩萨问，少欲与知足，有何差别？佛曰："少欲者不取，知足者得少不悔恨。"将二者合起来，训"侘"之意，即虽不自由，然不生不自由之念；纵有不足，却无不足之虞；不顺遂，而无不顺遂之虑。相反，苟在如是状况下，一味沉湎于不自由、不足、不顺的念想中，徒自哀叹的话，便不可称之为"侘"，而是一个真正意义上的赤贫者、破落户。惟抛却此等杂念，始能秉持侘之本意，且厉行佛戒。[1]

因在"侘"意中，美、道德与精神三者高度融合，难分彼此，所以茶人会认为茶道就是生活本身，而不是单纯的娱乐，无论它有多么洗练高雅。也正是出于这个原因，禅与茶密切相关。事实上，过去很多茶人都正经修习过禅，并把从禅修中学到的智慧，应用于茶道的技艺上。

世俗生活乏味、单调，无聊至极。有时候，宗教被看作是一种逃离。不过，学者们对这种看法却不以为然，他们认为，宗教的目的不是逃避，而是超越，旨在抵达"绝对境"或"无

1　出自《茶禅同一味》或《禅茶录》。——英文初版注

限"。但实际上，宗教也确不失为一种避难所，人们可以在那里喘口气，稍事调整，以恢复生机。作为一种精神的修炼，应该说禅亦有同样的功能，只是它过于超越，常人难以企及。于是，那些修禅的茶人们便做了一番变通，以茶道的形式，践行其在禅中的领悟。从中亦可感知，茶人们对美的渴望有多么强烈。

如此阐释"侘"，读者诸君也许会觉得这是一个有些消极的概念，作为一种生活趣味，只属于人生失意者。在某种意义上，也的确如此。不过，在这个尘世上，能强壮到一生都无须服用一两剂药物或清凉剂、刺激剂者，又有几人呢？更何况，人注定有一死。在心理学研究中，诸如精力过人的实业家在隐退后，会突然变得衰老的案例所在多有。为什么呢？是因为他们不知保存精力，没有意识到越是在工作最紧张的当口，越应该抽离分身、稍事歇息的重要性。战国时代的武士，懂得在戎马厮杀之时，神经高度紧绷的状态难以为继的道理，他们得在某个时刻让自己松弛一下，而茶道刚好为他们提供了这样的便利。仅有四张半榻榻米大小的空间，是无意识的一隅，但对一个寻求片刻宁静的武士来说，已经足够。当他走出那爿小庵时，神清气爽，连大脑中的内存都焕然一新——对一些具有恒久价值事物的记忆，取代了战斗回忆。

最后，我想讲一个恶斗歹徒的茶人如何变身为武士的故事。故事告诉我们两个真理，均关涉无意识：其一，无论是在运用各种艺术、技法的场合，还是在处理实际情况的场合，只要由着无意识的方向走，定会取得惊人的实效；二是无意识与禅体验相连，是开悟的契机，而其觉醒，是完成艺术创作活动的基石。当一种直觉进入无意识的神秘之境深处的时候，我们自然会知道如何驱动观念，采取一系列行动，并根据不断变化的环境，来加以调整。显然，这种无意识现象并不单纯是生理学或心理学意义上的概念，而是一种最深层的创造活动。

17世纪末，土佐国大名山内侯赴江户参勤，想带手下的茶匠同往，可茶匠却无意从命。因为他觉得自己既不是武士，江户也不比土佐。自己性好静，与江户的气场未必合拍。再说，自己在土佐可以说无人不晓，熟人多多。可去了江户，万一遭遇恶党，惹上麻烦，自个儿吃亏不说，也有损主君的体面。这差使委实太过冒险，茶师思来想去，横竖不肯答应主人。

可主君哪里肯罢休？对茶匠的推托之词，听而不闻。因那位茶师在茶道上造诣极深，大概主君是抱着把他带到大名中间夸耀一番的心思吧。茶师深知主君的希望就是命令，而主命不可违。结果，只好脱掉茶师的衣衫，佩戴长刀短剑，装扮成武士的模样。

在江户逗留期间，他一直待在主君的宅邸里，大门不出，二门不迈。一天，主君允准他外出观光。于是，一身武士打扮的茶师去了上野不忍池。但见池畔不远处，一位怪模怪样的武士，正坐在一块天然石上歇脚。尽管他不喜欢那人的面相，可也无处躲，只好径直朝前走。结果，武士却冲他打起了招呼，且彬彬有礼："您看上去像是一位土佐武士。若是能领教一下您的剑术，鄙人将深感荣幸。"

土佐茶师自打一上路，就一直担心遭遇这种场面。不承想，还是与那个面目可憎的浪人撞了个正着，他一时不知该如何是好，只好如实道来："俺虽着这身行头，其实不是武士。俺以教人茶道为业，若论剑术自然不是您的对手。"浪人听了茶师的话，心中便有了谱，变得越发强硬，想趁机敲一笔竹杠。

自知已在劫难逃，茶师遂做好了死于刀下的准备。可他又不想白白送死，因为那样会有损主君的声名。他蓦地想起，刚才过来时曾路过上野附近一处习剑的道场，俺何不去那里请老师教几招刀的用法，顺便问问不得已的情况下如何才能死得体面些。于是，他对浪人说：

"汝既如此强人所难，那就比试一下吧。不过，俺身上带着主君交待的任务，须优先复命。与汝的切磋，需待俺折回后再说，请务必给俺这个从容。"

浪人当即表示同意。于是，茶师火速赶赴道场，称有十万火急之事，求见剑师。门房见他并没有任何引荐的纸头，起初不肯放他进去，但从他的言谈举止中察觉到事态的严重性，便领他去见主人。

剑师从头到尾，静静地听完茶师的叙述，特别是听到茶师说他想像武士那样慷慨赴死时，说道："到访吾处的弟子，多为习刀法，而非死法，只有汝是特例。听说汝是一位茶师，

139

在余传授死法之前，能不能请汝先为余演示一下茶道？"土佐的茶师想到这恐怕是自己能尽情表演茶道的最后机会了，倒是求之不得，便一口答应。剑师死盯着茶师演示的每一个动作，目不转睛。茶师镇定自若，做完准备工作后，执行每一道规定程序，一切都有条不紊，一丝不乱，全然忘记了即将临头的大难，仿佛太阳底下，唯此事为大。剑师看到茶人摒除一切世俗的喧嚣，一副专心致志、心无旁骛的神情，深受感动。他猛地拍了一下自己的大腿，发出了由衷的感喟：

"正是如此。汝已无须再学习什么关于死的方法，以汝现在的状态，足堪与任何剑士对阵而无惧色。待会儿汝面对那位蛮横无理的浪人时，不妨照这样的方式去做就是：首先，想着自己是在为客人奉茶。然后，郑重地致以问候，对晚到表示歉意，同时正告他，汝已经做好了决一胜负的准备。脱下汝的外套，小心叠好，然后再把扇子放在上面，就像汝平时沏茶时所做那样。只要戴上缠头，系好和服袖带，把裙裤左右下摆掖在胯间开口处，对阵前的准备就算是就绪了。抽刀举过头，做出砍杀对方的姿势，再闭上双眼，集中心力，准备应战。一旦听到对方的喝声，即刻挥刀劈杀。这样的话，你们兴许会打成平局，也未可知。"茶师很感激剑师的教诲，郑重谢过，便赶赴与浪人相约的地点。

茶师遵照剑师的忠告，认真做好每一个步骤，其心诚意笃，像是在为友人奉茶。当他冲着浪人举刀做出对决的姿势时，浪人看到的是与先前完全不同的人——一个无畏的化身、无意识的体现者，以至于他竟然找不到大喝以造势的机会，更不知从哪里下招，如何劈杀。面对茶师的威势，浪人哪里还有半点进攻的余裕，只能步步后退。退了几步，终于失声叫道："完了完了，俺认输。"说着，扔掉长刀，伏地告饶，恳求茶师饶恕自己的无礼，然后就逃之夭夭了。

关于这个故事的历史依据问题，本人并无妄下判断的资格，我无非是想弄清构成这类传说之基础的普遍观念。那就是，在熟练掌握一种技艺所需的技术和方法论背后，存在一种可称之为"宇宙无意识"的直觉。那些属于各种技艺的形形色色的直觉，彼此间并非相互孤立、毫无关联，而是派生自同一种根本性的直觉。日本人相信，剑士、茶人及其他各种技艺的通人们所了悟的各个领域的专门知识，归根结底，不过同一种大体验的具体应用而已。对这种信念，尽管人们尚未及彻底分析，并赋予其科学的原理阐释，但他们知道只有通过这种根本体验，才能洞悉一切创造力和艺术冲动的根源，才能超越生死轮回，方可达成对存在于一切无常之中、作为"实在"的"无意识"的彻悟。在终极意义上，禅师的哲学可以说是源自佛教的空和般若（智慧），他们用生命——即"无生死之生死"来阐释"无意识"。对禅匠们来说，最终的直觉是超越生死，抵达无畏之境。当他的"悟"到瓜熟蒂落之际，便是见证种种奇迹的时刻。也只在那样的时候，"无意识"才会对那些开悟的弟子们和各门技艺的师匠们网开一面，始允许他们窥视无限的可能性。

第七章

禅与俳句
——俳句诗意灵感基础中的禅直觉

谈论日本文化，不能脱离佛教。因为在文化发展的所有阶段，日本人都能感知佛教的参与。事实上，日本文化中没有任何一个领域，未曾受到过佛教的洗礼。这种影响是如此深广，以至于活在其中的我们多数情况下竟丝毫意识不到其存在。自从6世纪，佛教通过公开途径传入日本之后，便作为形塑文化的重要力量一路发展。佛教传来既可促进文化发展，且有助于政治的统一，可以说很大程度上顺应了统治阶层的希望。

　　这样一来，佛教急速地与国家一体化，便是必然的走向。从纯粹宗教视角来看，这种同化对佛教精神的健康发展是否真正有益，是存疑的。不过，佛教与历代幕府政权浑然合流，并配合后者在各个方面推进其政策，确是一个不争的历史事实。由于日本文化的资源通常掌握在上层统治者手中，佛教自然而然地带上了贵族主义的色彩。

　　那么，在日本人的历史与生活中，佛教究竟渗透到了何种程度呢？若想理解这一点，最好的办法，莫过于想象一下所有的寺院及庋藏于其中的珍宝统统隳于一旦。果真如此的话，无论有多么美丽的自然和多么富于人情味的人民，日本也会变得一派荒凉，家具、绘画、隔扇、雕刻、织锦、庭园、插花、能乐、茶道，等等，一切都将不复存在，像一个没有住持的寺庙那样，寂寥无声。

就对日本文化诸形态的影响，或与那些形态的关系而言，禅宗与其他一些在我国广为流传的佛教派别有所不同。关于禅宗的这一特征，我想诸位有必要了解一二。

一般说来，禅的哲学属于大乘佛教。在禅宗中，有一种特别的方法，可以体验这种哲学，那就是直接诉诸对我们自身存在奥秘的洞察，即探求实在本身。这种方法并不依赖佛陀的话语或文字的教义，也不信什么更高的存在，不必践行那些苦行修炼式的戒律，它只要求获得内在的体验而无须凭借任何媒介。这是一种指向直观的理解，日语中称为"悟"的体验即由此而生。没有"悟"，便没有禅，二者是同义语。"悟"这一体验的重要性，如今被看成是为禅所独有。

"悟"的旨趣，在于为到达事物的真理而不借助任何概念。概念虽然有助于我们定义真理，却不能帮助我们亲身体会真理。在某种意义上，概念化的知识或许能使我们变得聪明，但那种聪明往往流于皮相，很难成为活生生的真理，因为其中没有创造性，只不过是一些无生命之物的堆砌而已。如果说存在所谓东方的认识论，禅恰恰是那种精神的完美体现。

西方人的心理是秩序的，重逻辑，而东方人的心理则诉诸直觉——这个说法道出了部分真实。直觉型的心理自然有其弱点，但在处理生活中一些根本性问题时，诸如宗教、艺术、形而上学等，便能充分彰显其优越。禅尤其强调"悟"的意义，认为应该用直觉而不是概念去把握生命及事物的终极真理，而这种关于直觉的理解，理应成为包括哲学在内所有文化活动的基础。禅宗的这些观念，对培养日本人的艺术鉴赏力贡献甚大。

在此，禅宗与日本人艺术观念之间的精神联系已然确立。无论我们对艺术如何定义，都须从体味生命的意义这一点出发，或者可以说，生命的神秘已嵌进艺术的深层构造中。因此，当艺术以一种深邃悠远且极富创意的形式去表现这种神秘时，我们的存在会从最底层被搅动，形同奇迹。那些伟大的艺术，无论绘画、音乐、雕塑、诗歌，都毫无例外地具备这种属性，其浑然天成，有如神助。真正的艺术家，特别是那些创作活动正处于巅峰状态的艺术家，如观察其创作会发现，他们已变身为造物主的代理人。艺术家在生活中的极致时刻，用禅的语言说，就是"悟"的体验，而"悟"若是用心理学的表述，则是对"无意识"的意识。

因此，我们殊难通过寻常的讲授或学习的方法，获得悟的体验。它需要一种特殊技能，以点拨那些超越理性分析的神秘存在，因为生命中充满了奥秘。而只要有神秘感的地方，便有禅的存在。艺术家们往往把这种现象称为"神韵"或"气韵"（精神的律动），并试图通过对它的把握，来抵达悟境。

悟拒绝进入任何逻辑范畴，故其实现需借助特别的方法。概念化的知识，自然有其进阶的技巧，引导人一步步深入其中。但是，知识却不能帮助我们抵达事物的神秘之境。而没有对那种神秘的企及，则既无可能成就艺术家，也无望成为专精于某个领域的名师。任何艺术中都存在神秘性、精气神，或日本人所说的"妙"处。如前所述，正是在这一点上，禅与所有艺术门类无障碍相通。真正的艺术家，像禅师一样，都是能充分领悟世间和事物之"妙"的通人。

在日本文学中，妙有时被称为"幽玄"。有批评家指出，一切伟大的作品，都体现着幽玄，让我们在不断变幻的世界中一瞥永恒，洞彻实在背后的秘密。也就是说，悟之闪现，必伴随着创造力的迸发。而这种创造力，会融通妙与幽玄，在不同的艺术门类中完成自我表现。

悟还带有某种特殊的佛教性功能，它能参透生的奥妙及关乎事物之实在的佛教真理。当悟成为艺术表现对象的时候，便会产生幽玄氛围的作品，向我们展示那震魂慑魄的神性律动的美妙，让我们恍惚中瞥见那隐形的神秘莫测之物。如此，可以说在所有的艺术门类中，禅对日本人接触、领略这种神秘的创造本能般的存在，多有襄助。

我们既无法以理性的分析、体系化的知识来领会这种神秘现象，更不能令其运行，悟只能是神德之行所致，是艺术天才的专利。可虽说如此，为了降低悟的门槛，让普通人也能

"开悟"，禅苦心经营，摸索了一套独特的方法——这也是禅区别于其他佛教宗派的地方。不过，禅的这种所谓"方法"，实非通常意义上的方法，它残酷得可以，野蛮而非科学。为了阐释这一要点，我曾在第一章中援引宋代禅僧五祖法演用夜盗术来比喻学禅之法的例子。狮子考验幼崽的方法亦如此：

幼狮在出生两三天后，会被母狮扔到悬崖，然后母狮将眼睁睁地看它有没有自个儿爬上来的自信和勇气。做不到这点的幼狮，便被认为不配为狮，母狮甚至不会回头看一眼。很大程度上，我们可以说，天才并非生下来就是艺术坯子。但对学生所具有的天性禀赋加以呵护培养，使其开花结果，为此提供一切机会，这正是教育者的责任之所在。只有如此，才能形成真正的人格价值。禅的方法固然有一定风险，可倘不能做到甘冒这点风险的话，所求之事将无从谈起。

宝藏院派曾使用一种长枪，是该流派的创立者、华严宗系宝藏院和尚的发明。从枪头底下的缨穗中间，支棱出一个新月形的枝刃来。为什么想起来给枪安上这样一个多余物呢？原来和尚的主意是这样冒出来的：他有个习惯，喜欢在夜里舞枪健身。之所以如此，并非为了熟练掌握枪术，因为他已经是这方面公认的达人。他想要达成的，其实是一种理想，即宝藏院的人与枪、人与武器、主体与客体、行动者与行动、思想与行为完全一统化的心境。为谋求这种称为"三昧"的一统化，这位和尚枪术家加紧训练，不舍昼夜。一天，当他正在宝藏院中挥枪苦练时，突然瞥见了池中倒影：枪穗飘飘，一轮新月如钩。这个镜像成了他突破心中二元意识的契机。据说从那以后，他便在枪头上加了新月枝刃。当然，我所强调的，是和尚的领悟，而非创意本身。

宝藏院和尚的感悟，也使我想起佛陀的体验。佛是在一天佛晓仰望星辰时开悟的。在此之前，他曾长年耽于冥想，但知性的探求没有给他带来精神上的满足感，他一直试图发现能在人格深处触动自己的东西。当他望见晨星的刹那，终于意识到念兹在兹的东西其实就在自个儿的内心。于是，他成佛了。

宝藏院的和尚，也成了看破枪法秘诀的那路名人。所谓"名人"，高于专家，其技艺早已超越了最高的达人，堪称创造的天才。无论他追求何种技艺，其独特的个性必会凸显，使其卓尔不群。不过，这种在日语中称为"名人"者，并非天生，而是经过一番艰苦历练之后，方可成就。只有连续不断的体验，才能与艺术奥秘的深处，即生命源泉的直觉相通。

加贺有一位名叫千代的女俳人，想让自己的俳艺更上层楼，便慕名拜访当世有名的俳句宗师。俳师当即给她出了一个很平常的题目：杜鹃。杜鹃是日本歌人、俳人很喜欢的一种鸟，这种鸟有个特点，它可以边飞边啼叫。出于这个原因，诗人很难既闻其鸣，又见其飞。有一首和歌如此写道：

远望杜鹃啼鸣处，
黎明晓月天际留。

150

按照俳师给定的题目，千代试作了几首俳句，均被斥为过于概念化，缺乏真情实感。她实在不知道该说些什么，也不懂该如何纯粹地诉诸自我表达，只有冥思苦想，以至于夙夜难眠，竟不觉间天已微明。眼见熹微的晨光透过纸隔扇照进来的一瞬，一首俳句在她心头浮现：

　　不如归，
　　不如归——
　　天光渐明竟未知。

她把俳句给俳师看，俳师当场评价说，此乃迄今为止咏杜鹃俳句中的秀作之一。"无意识"与禅密切相关，同样，也与艺术有着千丝万缕的联系。禅对日本文化的辐射有多么深远，由此亦可见一斑。

唐代杰出的禅僧临济，在他的老师黄檗门下修习三年，仍一无所获。这并不是说他对禅过于无知，或者说不够用功，事实上，为参悟禅的真谛，他做到了全身心投入。这一切，都被黄檗派中的首座睦州看在眼里，遂动念把临济推荐给老师黄檗，请黄檗师留心关照这位探求真理的青年，有机会多加开示。他还劝诱临济去黄檗师处，听一下老师的忠告。临济却说：

"可是，问些什么好呢？"临济之问，虽全然无心，但只要对禅有所体验，多少了解一些宗教信仰心理的人，会明白临济已深陷精神困境：前路重重险阻，无法行进；背后桥已烧断，退路全无。不过，这种困境并非心灵的空白或完全的绝望，因为冥冥中总有种力量催他前行，逼他跳下深渊，将那个勉强维系自身的、已然细弱不堪的线索彻底斩断。可那种力量到底是什么，他自己并不知道。所以，他的那句"问些什么好呢"，便成了禅宗史上微言大义的一问。

为试探临济的本心，首座，也是临济交情最笃的朋友睦州对他说："汝何不去问一问和尚，何为佛法的微言大义。"

既得到友人的点拨，临济便去见了黄檗，问他究竟何为佛法之大意。可殊不知，话音未落，便遭黄檗一通狂敲猛打。临济懵懂不解，便去问睦州，睦州劝同样的问题，再问一次和尚。临济听从劝告，再次出现在黄檗的面前。结果又被揍了一通，而且看上去非常冷酷无情。至此，临济着实有些灰心，好像被人逼进了一条死胡同中。可睦州却非让他再去见和尚不可，临济只好硬着头皮，第三次去了和尚那里。和尚照例毫无慈悲心，一点也不亲切。不过，睦州心里明白，临济正迎来一个生命中新的转机，遂建议黄檗，为临济引荐其他的和尚。黄檗这才让临济去见大愚和尚。在大愚的启发下，临济终于领悟了"老婆心切"的真谛。在感悟的一刹那，他不禁大声说道：

"原来黄檗之佛法不过如此。"[1]

---

1 上述问答出自《临济录》。——英文初版注

就佛教的概念和知识而言，临济不逊于任何一位当世的学者，可他并未满足于此。他真心寻求者，是最后的、进取的第一要义，并渴望亲身体验得道之快意。那些从外部强加于人者，绝不会成为人自身的东西。附加物只能是负担，而不会成为别的。附加物越是沉重，人离自由与独立便越远。对此，临济心知肚明。在黄檗会下的三年冥想，绝非浪掷光阴。乍看上去，临济的暗中摸索好像一无所获，但睦州、黄檗、大愚的指导，不可谓用情不深，对临济的彻悟起到了决定性作用。就这样，临济在"无意识"之境，终于大彻大悟：原来佛法也不过如此。为什么这样说呢？因为"无意识"不是积累知识的宝库，而是永不干涸的生命之泉。知识也并非打一开始就贮藏于其间，而是像一粒种子那样生根发芽，成长发育，日后才长成了一棵参天巨树。

从以上阐述可知，禅关涉自觉，而关于禅这一技术的心理解释，则基于"人的极限就是神的机会"这一真理，用东方的话语来说，即"穷则通"。任何堪称伟大的事业，都是在人抛却意识中自我中心式的努力之后，任凭"无意识"发力而成就的结果。任何人身上，都隐藏着某种神秘之力。参禅的目的，便是将那种力量唤醒，并转化为一种创造力。

人常言，"疯狂"成就伟业。那意思是说，普通人的意识由思想、观念合理构成，由道德统制。而那样的"正常"人，如今比比皆是，所谓凡夫俗子，此之谓也。当然，他们无论作为普通市民，还是合法社会集团中的一员，都老实本分，人畜无害，这点理应予以评价。可他们的灵魂无创造性可言，更不会有逸出常规的冲动，遑论从彬彬有礼与安分守己的平庸藩篱中突围。一般来说，他们不会犯任何错误。可一旦他们当中有人试图脱离日常陈腐的常轨时，则被视为危险分子，遭党同伐异。对那种人来说，其所做的所有努力，都是为了守在原地不动，而绝不肯越雷池半步。其实，那种人很容易理解，某种意义上，他们也是可预期的人。像数学几何学似的，其全部意义可见、可测，亦可说明。真正伟大的灵魂，则截然不同，他狂热，异想天开，未来不可卜知。你想见他的地方，他偏偏不在那儿。他永远在追求某种比自身更宏大的东西。当他真挚诚实地面对真实自我的时候，那种宏大会把他举拔到意识的高层，使他以更宽广的视野展望事物。如此，他便能知晓自己的正在、能在和必在之所，且为了成就那些附于己身的幻象，使之实现，他不惜佯狂。可以说，一切堪称伟大的艺术，都是这样出炉的。与吾等只在鸡毛蒜皮中打转者不同的是，艺术家作为创造者，活在更高的维度中，他们善于从更深的灵感之泉，开掘一道口子，而这正是禅打出独特方法论的目的之所在。

《圣经》中有这样一句话，"叩门的，就给他开门"。一般人难解"叩"的语义，觉得无非是用拳头轻敲户门而已。可如果从精神层面上说，则此"叩"不同于彼"叩"也——这里的叩，是指构成人的肉体、理性、道德、精神的一切驱使自我，撞击那扇创造之门。当人以全部的存在——精疲力竭，以残留于体内的最后一丝气力，撞击创造之门时，才有可能产生巨大的冲击，使人向不可思议的领域突进。通过禅的锻炼，可望抵达那种体验。"无意识"可鼓动禅与艺术的生命力，具有不可思议的能量。

对"无意识"的形而上学分析，会把我们带入哲学家所谓的同一性理论中去。不过，在抵达那一步之前，还需要诸多的说明与限定，但如果只是将思路限制在个人意识范围内的话，那我们恐怕连所谓"集体无意识"也难以企及。我们务须超越各种学科在对人的意识进行分析研究时所预设的种种边界，否则，便无法实现"普遍意识"或"宇宙无意识"。所谓"宇宙无意识"的观念，听上去似乎有些抽象而玄妙，但人的各种宗教直觉却倾向于这种形而上学式的假设，据此，很多重要问题才得以阐明。如共情想象的可能性，如华严哲学主张的圆融无碍说及深入他人内心的移情理论，都是在触及"宇宙无意识"说之后，才能得到根本性的解释。关于这一点，我们随后还会论及。

禅教会了日本人很多东西。我们尤其应该关注其中与艺术和生活休戚相关的一件事，那就是对悟的强调。正因此，"宇宙无意识"才体现得更加具体。

前文中说过，悟即迷狂，非常态，是对通常意识层面理智边界的一种超越。不过，悟还有另外一面的特征，即能从常态中窥见异常，于平凡中感知神秘，能一下子把握住最关键的一点，从那里可洞彻创造事物整体的意义，所谓采一片草叶能变为丈六金身。从这点上说，禅又是极其普通的、陈腐的，简直像绵羊一般柔顺，泡在泥水中，随世俗之波浮沉，与世上的凡人没什么两样。

从前，有个禅僧想多了解一些禅的知识，可他的老师却没有予以格外关照，他便对师傅抱有不满，以至于离开老师，到其他地方去学习。待他转了一圈，见识了不同的师傅后才知道，原来江湖上早有定评：自己的师傅才是一流的禅师。后在同伴的一致指责下，他结束修行放浪，又回到了师傅的身边。老师问："汝为何归来?"小僧遂为自己的年轻幼稚赔不是，并恳求师傅传授一些禅的秘密。老师正色道：

"禅无秘密可言。万物开放，所有本相为汝敞开。不论汝当初在这里时，还是这次归来，心中所持完全相同，汝并未丧失任何东西。在此之上，汝还想要什么呢?"

话说到这个份上，禅僧却不解，仍执拗地请师傅教他。老师再说道：

"黎明即起，汝且来老僧处行晨礼，吾还礼。吃早点时，汝为吾端粥，吾吃过会谢汝。斋食日，汝为老僧添菜加饭，吾亦喜而食之。就寝之时，汝进来道晚安，吾亦以礼相还。从清早见面起，皆汝习禅之好机会。除此之外，真不知汝还欲知晓哪些秘密。假如真有秘密的话，那也是在汝那里，而不在老僧处。"[1]

---

1 出自《传灯录》。——英文初版注

禅就是这样，它与包含五感、常识、陈腐的道德论及逻辑辩论的寻常世界并无不同。只是，对构成这个世界根基的原理或真理，禅有种直觉罢了。实际上，原理、真理云云倒未必契合我想要表达的意思。不过，禅与我们一样，面对同一个宇宙、同一种自然，对同一种对象物和同一种特殊存在，都抱有兴趣。青蛙跃入池中；蜗牛眠于蕉叶；蝶舞花丛；月映于水；田野上盛开的百合花；秋雨沥沥，打在茅舍的屋顶……禅对所有这些季节转换的自然景象，都饶有兴味。因了这种种直觉付诸俳句那种诗歌体的表现，我们得以看到一种在世界文学史中堪称另类的文体。

俳句的形式，可谓人尽皆知，似无展开的必要。在此，我只就其内在含义略作阐述，并指出何谓俳句的诗性，其哲理何在。

何以用如此短小的连句，表现那些令诗人感到震慑的思想和感情呢？对此，也许有人会抱有疑问。诚然，正如加贺千代女笔下的牵牛花和芭蕉写过的古池蛙，描写起这类平俗细碎的情感来，俳句确乎得心应手。不过，俳句的功能远非止于此，它如何表现诗人的创作冲动，成为人在面对那些永恒、超自然的神秘物象时情感的宣泄出口？进言之，日语有无足以表达宏大的思想与深刻的情感的丰富性呢？这些问题，因溢出本书的主题范畴，恕无法一一阐述。不过，有一点是显而易见的，那就是若想了解俳句，须先理解日本人的心性特征——这方面与欧美人构成了鲜明的反差。日本人心性的长处，是不对事物做逻辑和哲学推演，更不会为建构宏大的思想体系而罗列种种思潮。关于这一点，我们可以说因日本人未经过抽象化熏陶，表现在知识的历史上，便是从未显示出思维的深刻性。但日本人的强项，是善于用直觉来把握深邃的真理，并借助表象，加以逼真的表现。为达成此目标，俳句是再合适不过的工具。如果不是日语的话，俳句恐怕很难发达。因此，理解日本人，便意味着理解俳句。而理解俳句，便等于是与禅宗所谓的"悟"亲密接触。

有了这些预备知识之后，我们再来审视那些曾打动千代、芭蕉、芜村等俳人的情感，据此，便可阐明禅究竟是在哪些地方与俳句发生关联，禅与艺术、生活又是如何被密切地编织到日本文化之中的。

古池塘呀，

青蛙跳入水声响。[1]

这首俳句开风气之先，被认为是芭蕉（1644—1694）为17世纪日本俳坛敲响的一记警钟。在他之前，俳句不过是一种文字游戏，并没有高于娱乐的深意。芭蕉的《古池》，不啻为一种转机。关于此俳的创作动机，有这样的传说。

芭蕉一直在跟佛顶禅师学参禅。有一天，和尚来访，问

1　选自林林译文。见《日本古典俳句选》，林林译，人民文学出版社2005年版。

芭蕉：

"今日作么生？"

芭蕉答道："雨过青苔湿。"

和尚又问："青苔未生时佛法如何？"

芭蕉答道："青蛙跳入水声响。"

佛顶知道芭蕉禅机颇深，所以才有了第二问"青苔未生时佛法如何"。这一问，简直与基督的"还没有亚伯拉罕，就有了我"[1]有一比。和尚想知道，这里的"我"究竟是谁。若是基督徒的话，道一句"我在"（I am）便足矣。可在禅中，只要发问，则必须回答。这一点，也是禅直觉的精髓之所在。佛顶所问，其实是"世界存在之前，有何物存在"，即"神说'要有光'之前，神在何处"的问题，其本意并非是在谈什么雨后生苔。他想了解的，无非是万物被创造之前宇宙的"原风景"——没有时间的时间究竟从何时开始，那就是所谓"空"的观念吗？如果那观念本身并不等于虚空的话，那我们应该是可以向别人阐述的。对此，芭蕉的回答是："古池塘呀，青蛙跳入水声响。"

当初，芭蕉在作这首俳句时，并没有写"古池塘呀"的上句，据说是后人为了敷衍十七个音节的俳格而添加上去的。或许，诸君会问，这句到底哪里显示出了开近代俳句之先河的革新精神呢？实际上，构成这个俳句的背景，正是芭蕉对

1　出自《新约·约翰福音》8：58。——英文初版注

自身生命本质的洞察：他确实从整体上，看穿了创造这件事。其观察之深，皆通过俳句的描写体现出来。

为了使习惯于散文阅读的现代人也能读懂芭蕉，不妨以接地气的形式说明一二。很多人把这首《古池》，读解为描写寂寥、闲寂感的俳句。他们的想象，大致趋于这个方向：千年古刹千年树，古刹中央有古池。池塘四周，是苍老的灌木丛和竹林，葳蕤繁茂。这一切，让原本就涟漪不兴的池水，显得更加阒寂。不承想，这种死一般的阒寂竟被跃入水中的青蛙给搅了。不过，这种状态的打破，却反过来强化了那种四周阒寂无声的效果。青蛙跳水产生回声，回声又使人意识到整个环境的静谧。当然，这种意识只有其精神与世界的精神相契合的人，才能领会。芭蕉不愧是伟大的俳人，可以将这种直觉与灵感诉诸表现。因此，颇有些评论家总爱把闲寂与俳句联系起来，认为禅不过是一种教义，旨在表达闲寂的情趣。

我个人认为，将禅读解为寂静主义（quietism）[1]的福音，同把芭蕉的俳句读解为闲寂之趣一样，都是不得要领。在这个问题上，他们犯了双重错误。关于禅，我已经在前面反复陈述了自己的看法，在此，我只谈一下如何正确地理解芭蕉。

首先我们应该知道，俳句从来只是反映直觉的"表象"，而不负责表达思想。而且，这些表象也并不是诗人在头脑中

1　17世纪，存在于天主教会内部的神秘主义运动。——日译注

加工而成的修辞手法，原本就是直觉的反映——不，实际上就是直觉本身。有了直觉，表象会变得清晰透明，且作为体验的一种表现，其义自见。直觉诉诸内心，是个人的、直接的、难以言传。因此，它便借助表象，以表象为手段试图向人表达。不过，对于没有切身体验的人来说，若想通过表象来推论出背后的事实，以至于到达体验本身，是相当困难的，甚至是不可能的。在这种情况下，表象已形同观念或概念。对此，人们只能诉诸理性的阐释，正如某些论客对名俳《古池》所下的论断一样。说起来，如此思维真的毁了内化于俳句中的真与美。

只要精神仍然在意识的表层活动，我们便离不开推理。人们倾向于把古池读解为孤独、闲寂的表象，认为入水之蛙及其后的回声，起到的都是反衬并强化池水四周那种亘古的静谧感的作用。可是，作为诗人的芭蕉，其生命探索却并未止步于此：他穿透意识的外壳，在越过科学家所谓"无意识"的领域之后，继续往里扎，一直抵达最深层——"无意识"之外的无意识之境。那里是永恒的彼岸，芭蕉的古池静静横卧，"没有时间的时间"亘古流淌。已然没有比这更"古"的古，乃至无论何等高级的意识，也无法测度它。那是万物生命之本，是千差万别的世界之源，尽管其自身已浑然天成，不体现任何差别。它是可以到达的，只要超越了"下雨""生青苔"的世界。不过，一旦我们的理性介入，开始对这个现象做逻辑思考，它即刻就会转化成观念，成为外化于大千世界的另一种存在，一种理性的对象。因此，只有靠直觉，才能真正把握住那种无意识世界中的无时间性。当我们认为空的世界在日常五官感觉世界之外的时候，是无法达成对实在的直觉的把握的。感觉与超感觉，并非各自独立的两个世界，而融为了一体。唯其如此，诗人洞彻的所谓"无意识"，便不在于古池之寂静，而在于青蛙跳入水中的声响，在于听到这声响的耳朵。假如没有这声响，芭蕉便不可能洞彻到"无意识"。而恰恰是这个畛域，不仅是一切创作活动之源，同时也是艺术家汲取灵感之所。

描述极化作用在停止的瞬间或开始的那一瞬间的意识，诚非易事。而若使用自相矛盾的语言来阐释那种作用的话，逻辑纰漏必现。实际上，那种体验几为诗人和宗教天才所专美，它时而转化为芭蕉的俳句，时而成禅语，盖因对其有不同的处理。

人的思想由多元意识构成，从二元意识一直到无意识，中间有很多层次。表层是二元意识层，其主要原理就是极化作用。在它下面的一层，是半意识层，贮存在那儿的事物，必要时可被提取到意识的表层，即成为记忆。第三层被心理学者定义为无意识层，负责储存失忆的记忆。一般来说，在心力异常集中时，储存于其中的记忆便会复苏。当人陷于绝望，或遭遇飞来横祸时，那些埋藏在底层的记忆也会浮出表层——但那种转化有如无始劫来，不可预知。但是，无意识层并非人类精神的最底层，在更深的地方，还有构成我们人格基石的另一个层次，那就是集体无意识，相当于佛教的"阿赖耶识"（ālayavijñāna），即"藏识""无没识"。尽管这种"藏识"或"无意识"的存在，无法以实证的方式呈现，但在阐述意识的普通事实方面，对其加以定义却仍然是必要的。

从心理学上说，阿赖耶识或者说"集体无意识"可以看作我们精神生活的基础。不过，为把握艺术和宗教生活的秘密，以抵达实在本身，我们还需具备一种"宇宙无意识"。所谓"宇宙无意识"是创造的原理，是神的工作场所，其中蕴藏着宇宙的原动力。所有艺术品，宗教信徒的人生与进取心，激励哲学家研究的动力——这一切的一切，都源自那拥有无尽创造力的"宇宙无意识"。

芭蕉以自己的直觉捕捉到这种"无意识"，并将直觉诉诸文字表现，遂有了名俳"古池塘呀／青蛙跳入水声响"。这首俳句，并不像某些人所以为的那样，单纯只是歌咏尘世一派喧嚣中的沉静。同时，也指涉在这个多彩世界中的遭遇，指涉在到达宇宙无意识时才具有价值和意义的一切，以及种种更深层的东西。

因此，日本俳句无须长篇大论，也无须雕琢和理性包装。事实上，俳句回避观念介入，因为一旦诉诸观念，对无意识的指向和直觉把握便会落空，或受到损害和妨碍，从而永久丧失新鲜感和生命力。俳句的意图，在于创造最合适的表象，以唤醒他人心中原本就有的直觉。俳句中，如此被规整的表象，所在多有。只不过，那些意象所传达的意义，对没有受过训练的人来说，浑然不觉罢了。芭蕉的俳句亦如此。一个不懂如何品味俳句的人，从古池、入水之蛙、水声等人尽皆知的事象排列中，究竟能看出什么呢？不错，原来这首俳句不仅仅是对事象的单纯罗列，其中还夹杂了感叹词（"呀"）和动词（"跳入"）。可说下大天来，也无非只有十七个文字，又能包含多少诗性呢？然而，它还真就表达了一种相当深刻的直觉真理。那种真理之独特另类，即使堆砌再多堂而皇之的观念，恐怕也难以表达。

宗教的直觉，通常也用简洁的话语来表达。非如此，便无法接地气地传达出那种精神体验。不过，禅惯以诗句的形式来表现直觉，在这一点上可以说与俳句庶几近之。而一旦这些通俗平易的佳句成为理性分析的对象，哲学家、神学家会竞相炮制大部头著作，将其知识化。同样，那些打动俳人的诗的直觉与诗情，到了其他诗人手里，想必也会化作精雕细刻的长篇巨制。而文字的数量与诗人的天分毫无干系，就诗的灵感而言，芭蕉并不逊于西方任何一位伟大诗人。诗人所使用的表现手法，可能是突发奇想式的，也会有变化，但我们却不能仅凭偶然性来判断人和事物，而应该本着那些本质性的构成要素。

> 井边之吊桶，
> 牵牛花蔓爬满身，
> 提水去邻家。

这首歌咏牵牛花的俳句，是加贺千代女（1703—1775）的作品。照那些味同嚼蜡的评论家的说法，女诗人其实根本没必要看到牵牛花蔓缠满了吊桶，便转头去邻家提水。可是，在千代女看来，清早出门，去井边取水，见牵牛花开，是一种美的体现。一位平安朝的女诗人尝言，夏日的早晨，是日本一年之中最清爽的时辰，诚哉斯言。绽放的牵牛花，为夏日的早晨带来了生机，它如此美丽，却只有一个早晨的生命，倒是应了其花名[1]。可唯其如此，清早看到牵牛花，才是与美的邂逅：它鲜嫩欲滴，令人陶醉。它是如此神圣，让人难以接近，却又充满神秘，有如出自神之手的最初造物。也难怪女诗人无法出于地上与生存相关的任何实用的理由，用手去触碰花朵，并将其藤蔓从吊桶上移开。还有一首咏牵牛花的诗这样写道：

> 松树千年朽，
> 槿花一日歇。
> 毕竟共虚空，
> 何须夸岁月。

此乃白乐天诗中的一节，旨在说明：美与时间无关，它只关乎诗情，只关乎人。

---

[1] 牵牛花在日语中，称为朝颜。

"宇宙无意识"是一座价值宝库，保存了一切有价值的东西，包括已经创造的和即将创造的。只有真正的艺术家，才能潜入其中，发现并掌握自我体验的秘笈。不过，从某种意义上说，人人都是艺术家。当千代女看到牵牛花的一瞬，便听到了自己的心声：那不为世间所承认的平俗之美，却摇身一变，以那种源自一切价值源泉之大美的面貌，绽放于世人的眼前。当然，在那之前，千代女每年夏天也会看到牵牛花，却未能感悟那种天堂之美。只是到了那一刻，她的心才被美所击中，以至于竟然忘了去井边的目的。照我的想象，面对那突如其来、怎么看都不像是现实世界的幻景，她心醉神迷，以至于一时陷入恍惚，在那儿发起呆来——她已经进入忘我的状态。直到她回过神来，才发觉自己手里还拎着水桶，于是掉头朝邻家走去。若不是她有一颗俳人的心，她也许会详细描写自己所看到的天堂般幻影，向读者展示其内心有张有弛的心理活动。可俳句毕竟不是分行诗，只有区区十七个音节，不可能面面俱到。而千代女作为日本人，既生在这种祖先的教养代代传承的文化环境中，便不由自主地诉诸俳句来进行自我表达。作为创作冲动的宣泄口，没有比俳句这种自然、贴切、富于生命力的诗歌体更合适的了。史上那些日本艺术天才，当他们需要宣泄体内的艺术冲动时，会首先想到俳句。因此，日本人确有必要充分了解俳句的价值。某些外国评论家因未生长于日本的气候风土，未接受过我国的文化教育，他们对俳句的感觉与日本人不完全一致，自然也难以进入俳句的精神世界。

　　从物质、道德、美学及哲学层面，力求掌握关于日本风土环境之完备的、不是半吊子的知识，是极其重要的。为说明这一点，我们不妨再引述一首芜村的俳句。与谢芜村（1716—1783）是江户末期卓越的画家、俳人。他的一首名俳写道：

　　　　古色铜吊钟。
　　　　蝴蝶翩然停其上，
　　　　忽而已入眠。

　　这首俳句看似简单，意味却颇难解。除非能像日本人那样，一提到钟与蝴蝶，脑海中便自然产生某种联想。俳句描写的季节，显然是初夏。那个时节，蝴蝶会大量出现，吸引人的视线，也成为诗的想象对象。提到蝴蝶，人们会联想到花，想象有古钟的寺院鲜花盛开的情景。这一连串的想象，把人从都市引导到深山古刹。在那儿，禅僧在冥想中入定；古树、野花、淙淙溪流，暗示了一种与世无争、不为人事所羁绊的出世氛围。

　　钟楼并不高出地面很多。古钟赫然于眼前，触手可及。那口青铜制的大钟，状如圆筒，采用中空结构，颜色古朴而庄重。它悬挂于梁，静静地垂着，纹丝不动。当人们用一根粗壮的圆木（直径四英寸，长约六英尺）撞击钟的下部时，它便会水平位移，并释放出连续的、震人心魄的声波。那拖长的"咚——"的声响，完整代表了日本寺院的特性。人们

167

通过那从钟楼传来的悠远回声，在心中感受佛法精神的共振。特别是在倦鸟归巢时分，那种感觉尤为强烈。

　　一边是禅寺，融自然、历史和精神于一体的造物，一边是纤弱的白蝴蝶，安眠于古钟之上——当人们看到这一幅反差强烈的构图时，心会被触动。作为生命，蝴蝶微小而无常，甚至连一个夏天都活不到头。可当它活着的时候，却无比快活，时而在花间起舞，时而在日影下乘凉。这会儿，则在这口象征永恒价值的庄严大钟的边上，心满意足地睡着了。从大小和威严上说，这个昆虫刚好与古钟构成了绝妙的对比。在颜色上，这个纤细飘逸的白色生物，在阴暗沉重的金属色背景的映衬下，很是扎眼。单以纯描写而论，芜村的俳句描绘了山寺中初夏的景致，可以说别具诗意。可是，如果不能从更深层角度去体会的话，那就成了单纯的美辞丽句。在有些人看来，诗人芜村多少抱有某种游戏的心情，故意把睡蝶放到吊钟上，莽撞的禅僧只要一敲钟，钟声一准会惊醒那可怜见的小生命，使它飞走。无论是非善恶，对该来之事全然无意识，确是人生的一大特征。正如芜村的睡蝶一样，当我们在火山口上跳舞时，是不会对突然的喷火有所警觉的。从这个意义上，我们也可以认为这首俳句是对人类轻佻的生活态度发出的一种道德警告——这种解释并非不成立。漂泊无定，没着没落，的确是人类生活的命运，如影随形。尽管人们今天试图用科学的方法来规避这一点，可人的贪欲却总会显现出来，而且很多时候以相当粗暴的方式凸显，足以颠覆所有"科学的"

计算结果。自然不灭，可人会自我毁灭。从这点上说，比起蝴蝶来，人的生存方式要糟糕得多。人们凭借引以为傲的"科学"，去感知周围种种变幻莫测之事，然后再自我说服，以观察、测量、实验、抽象、体系化等方法，加以驱散。可是别忘了，还有一个更加变幻莫测之事——一种巨大的不确定性，同样生于"无明"，是世间一切不确定性之源，它始终存在。在这种使一切科学预测统统失效的不确定性面前，现代人与眠于钟上的蝴蝶可以说无甚差别。如果说从芜村的俳句中找到了玩笑成分的话，那就是对人本身的嘲弄，也不失为一种反省——针对那种对宗教意识觉醒的指责。

但是，窃以为，芜村的俳句还彰显了一种更深层的人性洞察，即通过蝴蝶与钟的表象所表现的对"无意识"的直觉。单就芜村所透视的蝴蝶的内在生命力而言，它并没有意识到钟与自身是不同的存在。事实上，它连自己的存在也意识不到——它停在钟上酣眠，那钟便成了世间万物的基石，万物似乎也以之为最后的栖身之所。难道蝴蝶能像人那样，对事物提前做出判断吗？当僧人敲响正午报时的钟声，被震醒的蝴蝶飞走时，它是会为自己的误判后悔呢，还是会为那突如其来的钟声所惊呆呢？话说到这个份上，我们对于在蝴蝶的内在生命中——不，是我们自己的内在生命，进言之，是在生命本体中的人类智慧，有没有过大评估之嫌呢？生命难道真的与那些浮皮蹭痒般的表面意识分析相关吗？有没有一种更博大的生命，超越我们的理智与判断呢？而那种被视为"无

169

意识"，或曰"宇宙无意识"的生命，难道不正存在于我们每个人的心中？我们意识中的生命，只有同"无意识"这种根本之物发生关联时，才能彰显其真意。因此，芜村俳句中以蝶来表现的宗教性内在生命，对象征永恒的古钟便无从知晓，更不会被其"不意"发出的声响所惊扰。蝴蝶翩舞处，鲜花漫山野，争艳吐芬芳。它当然有自己的生命形式，那种生命被某些有判断分类癖的人称之为"蝶"。那只蝶拖着小小的躯身，一阵飞舞之后，显然是累了，便想找个地方小憩。见那古钟无精打采地垂挂着，便落在上面，带着疲惫睡了过去。忽感几下震动。可对蝴蝶来说，那震动既非预期之中，亦非预期之外，只是一种现实的状况。于是，它又翩然飞走了，与它翩然而至时一样，与那钟声毫无关联，更不会对其做任何的区分与判断。唯其如此，它彻底摆脱了担忧、烦闷、疑惑和踌躇，获得了大自由。换言之，蝴蝶之优哉游哉，是由于生命中有绝对信仰，无所畏惧，绝非人心所揣度的那样，是有"判断力"和"卑微信仰"的生命。而芜村的俳句中，正包含了这种无比重要的宗教直觉。

《庄子》中有这样一段话：

　　昔者庄周梦为蝴蝶，栩栩然蝴蝶也，自喻适志与，不知周也。俄然觉，则蘧蘧然周也。不知周之梦为蝴蝶与？蝴蝶之梦为周与？周与蝴蝶，则必有分矣。此之谓物化。

《庄子》一书的英译者莱昂内尔·贾尔斯（Dr. Lionel Giles），将"分""物化"译成"barrier"和"metempsychosis"，我以为是欠妥的。无论这两个英文语汇究竟是何种语境，当庄子是庄子的时候，他就是庄子；当蝴蝶仍为蝴蝶时，它就是蝴蝶。而"barrier"和"metempsychosis"是人的表达，与芜村、庄子、蝴蝶的世界全然不搭界。

芜村的这种直觉，在芭蕉咏蝉的俳句中，亦有迹可循：

> 不知死期到，
> 风景不见了，
> 知了还在叫。

对这首俳句的意味，各路论客和注者多停留在这类读解的层面：人生本无常。但悟不到这一点的人，却仍耽于世间的种种享乐，有如盛夏的蝉，可着劲儿地聒噪，以为自个儿能永远活下去。在此，芭蕉以通俗易懂的事物为例，试图从精神或道德上给世人以劝诫。可是在我看来，如此解释根本抹杀了芭蕉对"无意识"的直觉。前两行确实体现了对人生无常的反省，不过，这种反省无非是结句"知了还在叫"的引子而已。"知了还在叫"才是整个俳句的重心，"吱——""吱——"的叫声，是蝉的自我表达方式。它是以这种方式告知他人：这儿有一只蝉，它对自个儿、对世间，都心满意足，别无所欲——这个事实，谁都不可违背。但是，人却总爱从意识层面出发，先入为主地抱定一种无常观，说什么禅不知宿命将至云云，实际上是将人对生命短促的恐惧和对即将到来的生死大限的省察，强加于蝉。就蝉本身来说，它并没有人类的烦恼。尽管随着天气转凉，它的生命随时会终结，却不会为此而焦虑。只要能鸣叫，它就活着，而只要活着，当下便是永恒——为无常而恼，何益之有？蝉在嘲笑人类的杞人忧天，也未可知。面对可笑的人类，蝉定会引用神的训诫：

> 你们这小信的人哪！野地里的草今天还在，明
> 天就丢在炉里，神还给它这样的妆饰，何况你们呢![1]

信仰其实就是对"无意识"的直觉，是这种直觉的代名词。观音菩萨是"无畏心施主"，信奉观音的人，便会被施与无畏之心，那也是直觉和信仰。俳人皆为观音的信众，抱无畏之心，懂得蝉与蝶的内在生命。因为，不畏惧明天和与未来有关的一切事象，在蝉与蝶也是一样。

关于"禅悟"的无分别心灵体验，与俳人对"无意识"的直觉之间的关联，我想我至少阐明了其中的一个面向。俳句作为一种诗性文体，只有与日本人的心灵和日本语结合之

1　出自《新约·马太福音》6：30。——英文初版注

后，方可呈现。对这种文体的兴盛发达，禅所起的作用甚大。

在上一章中，我们谈了"侘""寂"在茶道中的体现。接下来，我想就二者在俳句的体现，略作评述。

芭蕉不愧是伟大的漂泊诗人、最有激情的自然爱好者和讴歌大自然的行吟诗人。他一生都在路上，日本国中，无远弗届。当时没有铁道，也许反而是一种幸运，因为现代的便利性与诗性未必完全合拍。现代科学的理性分析精神，是不可放过任何神秘无解的现象，而诗与俳句则刚好相反，难以想象其会在无神秘感的地界开花结果。科学的麻烦在于，总是倾向于将一切付诸暴露，赤裸裸地不留任何暗示的余地，结果导致在科学的支配之下，想象力退化。

我们每个人都面临尘世中严峻棘手的现实，且心灵因之而变得僵化。在全然不留一丝柔软的地方，诗意也会远离，正如绿植难以在茫茫沙漠中生存一样。好在芭蕉的时代，生活还不至于如此乏味而绷紧。诗人凭一顶笠、一根杖、一只囊，可四处放浪，遇到中意的茅舍，便宿上几日。毋庸讳言，那种原始的旅行经验，自然包含诸多艰辛，不过对诗人来说，也不失为一种享受。要知道，当旅行变得过于便捷、舒适时，其精神上的意涵也会随之丧失。这听上去或许有些感伤主义，不过，旅行中的孤独感的确可催人反省人生的况味。人生原本就是从一个未知走向下一个未知的行旅，在上天赐予我们的六十、七十到八十年的生命中，应尽可能多地揭开生活的神秘帷幕。人生短促，如果任由时间过于轻易地滑过，便意味着连"永恒孤独"的意义也被剥夺，从生活中抽离了。

芭蕉对旅行抱有难以遏制的渴望，从他的游记序文中可鲜明地感受到这一点：

> 日月者百代之过客。如流岁月，亦如旅人。艄公穷其生涯于舟上，马夫引缰辔迎来暮年，日日奔波，以旅次为家。古人爱漂游，羁旅异乡而逝者，所在多有。不知从何日始，吾心亦如风卷流云，漂泊之志难抑，遂浪迹海滨。去秋，始返隅田川畔陋屋，拂去蛛丝尘网，好歹栖身。倏尔，岁暮春至，云兴霞蔚，复生越白川关口之念。游思之切，心旌摇曳，如鬼使神差。道祖神相邀，更急不可耐。于是，补破裤，换笠系，施艾灸于足三里，松岛之月照吾心。居所渡于他人，暂移杉风别墅。行前再顾茅舍，作俳句一首：

> 草庵依旧在，
>
> 终有易主时，
>
> 雏偶人家欢。[1]

1　出自《奥之细道》——英文初版注

在芭蕉之前，有一位镰仓时代的先行者，名叫西行（1118—1190）。西行辞去禁卫武士的公职后，寄情于行旅和诗歌，成了行吟诗人。读者诸君肯定看过那幅画，画的是一身行脚装束的僧人独眺富士山的情形。画的作者我早已忘记，可那画面却带给我很多思考，尤其是暗示了人生中神秘的"孤绝感"。那种感觉既不是通常意义上的孤独，也不同于郁闷、消沉的寂寥感，而透着一种对"绝对之神秘"的领悟。西行的诗写道：

> 富士起云烟，
>
> 随风没蓝天。
>
> 不知去何方，
>
> 吾之思绪扬。

芭蕉不是和尚，却是一名诚心的禅修者。晚秋时节，细雨沥沥，大自然充分体现了"永恒孤绝"的意境：叶子落了，树木裸露出枝干；山也秃了，一派瑟索荒凉；只有潺潺溪水，清澈见底。而每当倦鸟归巢的黄昏，想到人生的命运，孤独的旅人会变得心事重重，其心境仿佛也随着自然变换的节奏而变化。芭蕉咏叹道：

> 世人呼我为旅人，
>
> 晚秋时节雨纷纷。

当然，人并不都是苦行僧。无论什么人，心中多少都保有对另一个世界的恒久憧憬，以超越眼下这个经验中的相对世界。在那个世界中，灵魂尽可自由地思考自己的命运，而无任何打搅：

乌鸦宿枯枝，
蓦然秋已暮。

形式的单纯，未必意味着内容一定是"一地鸡毛"。孤鸦栖于枯枝之上，这幅图景本身就是一种"超越"。万物皆源自未知的神秘之渊，所谓"窥一斑而知全豹"——人们尽可透过任何一种事物，一窥深渊的秘密。因此，若要宣泄那种被惊鸿一瞥所唤醒的感情，未必需要动辄数百行的宏大诗篇。当情感到达最高潮，人往往静默无语，因为任何语言都无法准确表达那种情感，俳句只有区区十几个字，也许都嫌多了。日本艺术家深受禅学的影响，主张节制，倾向于用最少的笔触来表达感受。当感情被过度表现时，暗示的余地便被挤掉了。而暗示力正是日本艺术的秘诀。

画家中历来有这样一号人：他们只管作画，而毫不在意自己的画法如何为观赏者所接受这件事，甚至觉得即使被误解也无所谓。他们绘笔的那些线条和色块，意味着任何自然物，可以是鸟、是山，是人、是花，也可以不是，反正对他们来说都一样。这的确是一种相当极端的创作观念。因为每个人都会根据自己观画的体会，对那些线、块、点做出不同的判断，那些判断有时甚至会与画家的初衷满拧，那画家的创作尝试还有什么意义呢？对此，画家一般会做一点补充："只需领会弥散到创作中的精气神，并细加体味即可。"由此亦能看出，东方的画家对形式问题全然不在乎。他们只想着如何才能把画家主观上强调的东西，通过作品凸显出来。他们对于究竟该用何种方法才能有效地表达自我内心的思考这一点，似乎并无十分把握，他们只会感喟连连，一边笔走龙蛇。也许有人会说，这哪里算是艺术？其行为中压根就没有艺术的成分。即使勉强有一些，也停留于极原始的形态。可真的是这样吗？在意味着人工性的"文明"进程中，我们在取得进步的同时，也在不懈地追求去技巧化，因为那是一切技巧性努力的最终目标和基础。日本艺术乍看上去似无技巧性可言，可在那表象背后，却包蕴着极高妙的艺术性。这种无技巧性，富于暗示且意义饱满，已臻化境。以这种去技巧化的形式，来表现"永恒孤绝"的精神，那真是水墨画与俳句的精髓。

照芭蕉自己的说法，昭示"永恒孤绝"之精神者，是"风雅"。所谓"风雅"精神，并不等于现代意义上生活水平的提升，而是指一种洗练的生活品位，是对生活与自然的纯然享受，对"侘""寂"的憧憬，而不是对物质的安慰和感觉主义的追求。风雅只有在自然的创造与艺术精神同自我成为一体时才能产生。风雅之人终其一生与花和鸟、岩石和水、雨和月相伴。芭蕉在其日记的序言中，自比为西行、宗祇、雪舟、利休等艺术家集团的一员，是爱自然的狂徒：

> 有百骨九窍之人，名曰"风罗坊"。之所以称"风
> 罗"者，是因为那人有一副弱不禁风、一吹即倒之身。
> 彼好狂俳久之，终以之为生计。彼无长性，时倦怠
> 而生放掷之意，时进取以胜他人，善恶是非于胸中
> 交战，身心总不得安宁。虽不无立身处世之愿，却
> 屡为狂俳所误；总有学佛悟道之念，每每为狂俳所
> 废。故一生终未习得一技一艺，惟系于狂俳之一道
> 也。然正如西行之于和歌、宗祇之于连歌[1]、雪舟之
> 于绘事、利休之于茶道，虽各怀其志，但贯道者一。
> 于俳谐风雅中，亦能从天地造化以友四时。所见之
> 处皆是花，所思之处必有月。所见无花则形同野蛮人，
> 心之所想非花，则类同鸟兽。故人应出夷狄而离鸟兽，
> 从造化而归自然。[2]

1　连歌：日本诗歌的一种体裁。由二人以上分别咏上下两句，通常以百句为一首。

2　出自《卯辰纪行》或《芳野纪行》。——英文初版注

代译后记：铃木大拙与禅

当我们谈禅的时候，我们在谈些什么？这并不是玩弄话语的逗闷子，更不是伪问题。好，那么问题来了：何谓禅？或者说白了，那被称为"禅"的东西究竟是个啥？

这一问不要紧，竟扯出了一部上下两千五百年的东西文化交流史。照学者蒋海怒先生在其译著《禅之道：无目的的生活之道》序言中的说法，"我们至少可以区分出五种甚至更多的禅思想"：

> 禅的源头是印度佛教的"Dhyana"（禅那）修证传统，但是在传入中国后又吸收了老庄甚至儒家思想，变成了中国禅（Chan）。之后，中国禅的传统又东渡日本，北入朝鲜半岛，构建出全新的日本禅（Zen）和朝鲜禅（Seon），而在20世纪的全球文化交流过程中，禅又被带到了欧美，发展出欧美禅（Zen）。因此，虽然是同一个汉字（禅），其实指

代着许多精神传统。并且，这些精神传统间的差异很多，其中的一些甚至可以用"对立"来形容。然而，这些传统依旧活生生地并存到今天。

回溯这个漫长的流变，虽说每一步都相当关键，不可或缺，但就对今日人类生活的影响而言，百年前的节点显得尤为重要：从19世纪20年代起，铃木大拙用英文撰写的一系列禅学著作陆续在美国出版，对禅从东洋走向西方、走向世界，最终作为"Zen"而定型化居功至伟。不过，在推动禅的近代化、国际化的道路上，大拙并不是"一个人在战斗"：

早在1893年，他的老师、临济禅的正统禅师释宗演曾出席在芝加哥举行的国际宗教会议，并做主题演讲"佛教的主要教义和因果法则"（讲演稿由大拙英译），被认为是禅进入西方社会的重要契机。1897年，大拙赴美亦源自恩师的引荐。结果，在美国一住十二载，奠定了一生学问的基础。在大拙卷帙浩繁的英日文著作（1999年岩波书店推出的增补新版《铃木大拙全集》多达四十卷）中，常被提及也是最受争议者，是他的两种代表作——《禅与日本文化》和《日本的灵性》，特别是成书在先的前者，这是后话。另一位致力于日本禅与世界接轨的关键人物，是德国哲学家、禅修者奥根·赫立格尔（Eugene Herrigel），其于1948年出版的禅修体验谈《箭艺与禅心》（*Zen in the Art of Archery*）风行欧美，英文版由大拙作序，至今仍在被广泛阅读。

战后，因禅文化中某些"混不论""爱谁谁"的元素，不仅颇另类，且对社会主流价值似乎有某种打哈哈式的奚落、消解的功效，始为西方社会的非主流文化所青睐，加之从1949年到50年代，大拙应邀在哥伦比亚大学等美国学府展开系列学术讲座的缘故，同时亦为知识界所吸纳。60年代，禅又与"反文化"（Counter Culture）运动接驳，遂登堂入室大众文化。一时间，在嬉皮士、"垮掉派"诗人和摇滚乐手等"边缘人"构成的亚文化圈，参禅如嗑药一般风靡，大大小小的禅中心遍布西海岸。最著名的旧金山禅修中心成立于1962年，中心设有禅堂和学员们自产自销的禅品杂货店，甚至辟有专属的农园——禅不但是文化，而且是一种生活。

历史地看，西方的禅文化在波澜壮阔的民权运动中坐大，却并未随着社会运动的退潮而式微，反而日益定型化，早已枝繁叶茂，葳蕤成荫。且进入21世纪后，凭借与新技术和脑科学等前沿科技相结合的优势，开始向包括日本在内的东方社会逆输出，不断辐射价值。不要说日本，在今天的北上广深，随便一座城市综合体或写字楼里，标榜坐禅（ZaZen）、正念冥想（Mindfulness）的瑜伽馆、训练营几乎已成都市空间标配。70年代，美国出过一本行销逾千万册的超级畅销书、成长小说《禅与摩托车维修艺术》，我个人常追的一档中文播客，叫"禅与宇宙维修艺术"……如此流行的大众文化景观的酿成，当然不是铃木大拙一人的功劳。但毋庸讳言，当我们回眸远眺时，透过历史的重重雾霭，确实能望见百年前东西文化交汇的十字路口上，有大拙的背影。而他公认的、最重要学术贡献之一，便是《禅与日本文化》。

从1935到1936年，应日本外务省的邀请，铃木大拙先后赴英国和美国，在剑桥、哈佛等多所大学举办巡回演讲。后以讲稿为蓝本，充实相关材料，于1938年出版了 *Zen Buddhism and Its Influence on Japanese Culture* 一书（京都大谷大学 The Eastern Buddhist Society 版）。据此，学者北川桃雄的日译本于1940年由岩波书店付梓（岩波新书，赤版75），这应该是岩波社史上，也是日本出版史上最大的畅销书之一。以笔者手头这本为例，系在1964年3月第21刷改订版基础上，于2004年8月刊行的第71刷，拙译即对此版本的迻译。

《禅与日本文化》是大拙对禅文化及他自己的禅思想所做的一次系统化阐说，他试图从艺术、武士、剑道、儒教、茶道、俳句等侧面，来营造一个万花筒，以呈现一个立体的禅，并凸显侘、寂、幽玄、非对称等禅的核心要素（原理）。可是，究竟如何才能抵达那种美妙绝伦的禅境呢？大拙给出的路径是"体验"，即只能通过"般若直观"来"悟"（satori），因为禅是非思辨的，拒绝任何理性判断（分别）。这其实是大拙贯穿始终的立场，也令人联想到他与胡适之间的争论。

胡适从近代主义的立场出发，主张以实证的方法来研究禅宗史，"不以禅的文献学研究作为依据的抽象性思辨，于学问毫无价值"，而"大拙先生的立场则是：不具有禅的体验而对禅籍的字句进行解释、讨论，与禅是毫不相干的"（学者坂东性纯语）。胡适说："根据铃木本人和他的弟子的说法，禅是非逻辑的、非理性的，因此，也是非吾人知性所能理解的。"对此，大拙批判道："胡适先生对于禅的历史拥有非常多的知识，但对于禅的历史背后扮演着主角的东西，却一点也不知道"，"所谓禅，应该从其内部理解，绝不是从外部能够理解得到的。也就是说，首先应该达到我所说的般若直观"。这场争论经过几个回合，难分轩轾，最后由英国东方学者阿瑟·威廉出面，判定胡适"胜出"而暂告终结。

作为后学、禅的"槛外人"，如果从纯客观的第三方立场来看那场笔墨官司，其实打争论之初，二人的出发点便是南辕北辙，注定了争论也不会有胜负可言。说白了，二人的分野在于近代主义和反近代主义、理性与反理性、学问与智慧，以如此根本性的对立，想要争出个水落石出来也难。对此，二人心里都明白。所以争论归争论，交情归交情，从纽约到横滨，"他们一边品尝着中国菜，一边温和地清谈问题，并没有任何不和谐的感觉"，"1953年发生的那场争论，虽然彼此观点相异，但他们二人早已心知肚明，甚至老早就握手言和了"（禅学者小川隆语）。坂东性纯也说："在一步都互不相让的思想争论中，其实两人之间非常亲和，丝毫也没有丧失人与人之间应有的相互敬爱之情。"

从这段禅学史上的著名公案，笔者联想到90年代以后，一些欧美学者对日本禅宗在"二战"中协力战争，以禅来强化日本民族主义的批判，其中也包含对铃木大拙及其终生挚友、哲学家西田几多郎的质疑。关于这个问题，其实仍可以回到《禅与日本文化》这本书上来。这本书作为用英语向西方读者介绍禅宗文化的启蒙读本，相当程度上与新渡户稻造的《武士道》（1899）和冈仓天心的《茶之书》（1906）同属一个系谱，有一定的"公关"色彩，当然"公关"的主体未必是国家。

小川隆先生曾谈过近代日本所面临的两种民族主义：

> 面对欧美列强，要求承认自身的独自价值和地位，即一个作为正当而又切实的"民族主义"式的自我主张的民族主义，另一个是为了对抗欧美列强，以实现在亚洲扩张权益，作为一种排外的、侵略的"国家主义"的民族主义，它们两者，是带着在难以选择的"好的"民族主义而抛弃"不好的"民族主义的所谓单纯的二者选一的复杂的连续性而转移的，这就是日本的近代历史。（《语录的思想史：解析中国禅》）

他认为，"《禅与日本文化》带有表达前者的民族主义的一面"。如此说来，便不难理解那种在文本中若隐若现，却无处不在的激情叙事，用小川隆的话说，大拙"是将'禅'和'日本'视为一体来论述的"，与其说他在向西方读者启蒙禅，毋宁说是在启蒙日本。禅不再是日本文化的产物，而成为一种纯粹的形而上原理，而通往那个原理之路，无他，只有"日本"这座独木桥。

至于说到大拙本人的"历史问题"，小川则从实证性历史研究的角度，为他做了有力的辩护。事实上，近年来，越来越多的资料表明大拙是反战的。

大拙生前曾两次到访中国。1934年5月，他率日本镰仓圆觉寺一批僧人来华寻访佛迹。在上海，通过内山完造的介绍拜会了鲁迅。《鲁迅日记》1934年5月10日载：

> 晴。上午内山夫人来邀晤铃木大拙师，见赠《六祖坛经神会禅师语录》合刻一帙四本，并见眉山、草宣、戒仙三和尚，斋藤贞一君。

鲁迅在日记中绝少对人称"师"，而大拙是个例外。大拙回国后，撰写了《中国佛教印象记》一书，并于当年10月寄赠鲁迅。鲁迅则为大拙写了一幅字，录《金刚经》偈语"如露复如电"，今藏于圆觉寺。

铃木大拙一生与禅结缘。但严格说来，他并不是禅师，而是"俗人"。不过，这位"俗人"在九十五岁的高龄离开世界的方式，却被认为颇富禅意。1966年7月，他因肠梗阻被送进医院，身边只有晚年的助手冈村美穗子。据冈村回忆：

老师每次从昏迷中清醒过来后，就问："美穗子，现在是几点？"他都要亲自确认时间。每当我向戴着氧气罩的老师问"需要什么东西吗"时，他总是用英语回答说："No，nothing，thank you"，相反还宽慰我说："不要太担心我了。"而且，最后听到的一句话也仍然是"No，nothing，thank you"。(『鈴木大拙とは誰か』)

刘柠

2021年10月28日

于望京西园

图书在版编目（CIP）数据

禅与日本文化 /（日）铃木大拙著；刘柠译 . —上
海：上海三联书店，2023.1
ISBN 978-7-5426-7906-2

I.①禅… II.①铃…②刘… III.①禅宗—宗教文
化—文化研究—日本 IV.① B946.5 ② G131.3

中国版本图书馆 CIP 数据核字（2022）第 196719 号

禅与日本文化

著　　者 /［日］铃木大拙
译　　者 / 刘　柠

责任编辑 / 张静乔
策划机构 / 雅众文化
策 划 人 / 方雨辰
特约编辑 / 马济园　钱凌笛
装帧设计 / 郑　晨
监　　制 / 姚　军
责任校对 / 王凌霄

出版发行 / 上海三联书店
　　　　　　（200030）中国上海市漕溪北路 331 号 A 座 6 楼
邮购电话 / 021-22895540
印　　刷 / 山东临沂新华印刷物流集团有限责任公司
版　　次 / 2023 年 1 月第 1 版
印　　次 / 2023 年 1 月第 1 次印刷
开　　本 / 1092mm×787mm　1/32
字　　数 / 103 千字
印　　张 / 6
书　　号 / ISBN 978-7-5426-7906-2 / B·803
定　　价 / 52.00 元

敬启读者，如发现本书有印装质量问题，请与印刷厂联系 0539-2925659